［増補改訂］

良いコードを書く技術

読みやすく保守しやすいプログラミング作法

Agata Toshitaka
縣俊貴
［著］

技術評論社

●初出
本書は、小社刊『WEB+DB PRESS』Vol.44～Vol.49の連載「良いコードへの道 ―― 普通のプログラマのためのステップアップガイド」をもとに、大幅に加筆と修正を行い書籍化したものです。

支えてくれたみなさんへ

はじめに

あなたはプログラマーですか？ もしもプログラマーなら何のためにプログラムを書いていますか？ 生活のため、それとも楽しいからでしょうか。理由は人それぞれでしょう。だけど、もしあなたがプログラマーなら、「良いコード」が書けるようになることで仕事がもっと楽しくなるはずです。

本書は良い仕事をしたい普通のプログラマーが、読みやすく保守しやすい良いコードを書けるようになるための解説書です。ここでの普通のプログラマーとは、初級プログラマーや初級から中級になりかけのプログラマーのことを指します。私が考える良いコードの具体例は本書の中で解説していきますが、一番大切なのは「良い仕事をしたい」「良いソフトウェアを作りたい」という気持ちです。この本を手に取ってくれたあなたの中にも、きっとそういう気持ちがあると思います。

良い仕事をすると仕事にやりがいを感じられるようになる、つまり仕事が楽しくなります。そして職人として仕事に誇りが持てるようになります。良い仕事をするプログラマーは仲間や顧客からの信頼が厚くなり、仕事を依頼される機会も増えていきます。ということは収入もアップすることでしょう。

と、なれば理想ですが、実際には職人として良いコードが書けるプログラマーは、あくまでも私の実感ですが業界の2割ぐらいしかいません。あとの8割はいわゆる普通のプログラマーです。その中には、良い仕事をしたいと思っているものの、なかなかそのコツをつかめなかったり、何から手を付けてよいかわからない人が多いようです。

プログラミングはとても創造的でエキサイティングで楽しいものなのに、これではもったいないです。たとえば、泳ぎ方がよくわからないままプールに行ってもおもしろくありません。むしろ苦痛なぐらいです。しかし、25メートル、50メートルと泳げるようになるとだんだん楽しくなります。さらに思いのまま泳げるようになると、快感へと変わっていきます。

私が良いコードを書けるようになったのは、良い師匠や書籍と巡り合えたおかげです。本書が良い仕事をしたい普通のプログラマーのみなさんの道しるべとなることを願っています。

2021年4月　縣 俊貴

謝辞

本書は多くの方から支えていただいて執筆することができました。

まず、地元福岡のプログラマー仲間である桜井雅史さん、上津竜太郎さん、きしだなおきさんには、プログラミングや設計、教育や勉強会についてたくさんの議論をしていただきました。その議論での気付きが本書にふんだんに盛り込まれています。山本竜三さん、染田貴志さん、南里範子さん、鳥谷部昇さん、城和典さんには、校正時に地道な作業を手伝ってもらい、たいへん助けていただきました。本書に彩りを添えている素敵なプログラマーのイラストは、高田美奈子さんに描いていただきました。馬場保幸さんからは、オープンソースのWebアプリケーションフレームワークCubbyを一緒に開発していく中で、本書のヒントをいただきました。株式会社ヌーラボのみなさんからは、日々のシステム開発、サービスの運営を通して、ソフトウェア技術についてあらゆることを教わりました。この場を借りてみなさんに感謝の言葉を贈ります。

遅筆な筆者を時には励まし、時には尻を叩いて支えてくれた技術評論社の稲尾尚徳さんには、どれだけ感謝の言葉を言っても足りないぐらいです。本当にありがとうございました。

増補改訂での更新点

増補改訂では、コード例を執筆時点で最新のJava 15に対応しました。古いライブラリやフレームワークも、すべて新しいものに置き換えています。

また、良いコードの実現に重要なデータ構造についての理解を深めるために、第7章「データ構造」を書き下ろしました。加えて第11章「メタプログラミング」では、メタプログラミングの題材を、外部DSLから、より導入が手軽で保守性が高い内部DSLに変更しました。これらの加筆、改訂により、より実践で役立つ内容となっています。

コード例について

本書には多くのコードが例として登場します。コード例で使用する言語は基本的にJavaです。RubyやJavaScript、TypeScriptなどほかの言語を使用する場合のみ、本文中にその言語名を明記します。ただし、言語に特化した話はあまりありませんので、ほかの言語の人でも十分に参考になる構成になっています。

コード例はサポートページからダウンロードできます。このコードはパブリックドメインですので、仕事や趣味のプログラムに自由に利用していただいてかまいません。

サポートページ

本書のサンプルコードは、下記サポートページから入手できます。正誤情報なども掲載します。

URL https://gihyo.jp/book/2021/978-4-297-12048-1/support

[増補改訂] **良いコードを書く技術** 読みやすく保守しやすいプログラミング作法●目次

第1章

良いコードとは何か

1.1 良いコードの定義と価値

良いコードとはいったいどのようなものでしょうか。良いコードを書くと何かうれしいことがあるのでしょうか。そもそも良いコードを書く必要があるのでしょうか。

本章では序論として、「良いコード」がどのようなものか定義し、その価値について考えていきます。

1.2 良いコードの定義

一口に良いコードと言っても、組織やプロジェクト、プログラマーか管理者かなど、状況が異なると定義も変わってきます。本書では次の4つを満たすものを良いコードと定義します。

- 保守性が高い
- すばやく効率的に動作する
- 正確に動作する
- 無駄な部分がない

定義した良いコードを実現するために必要な知識を、本書では**図1.1**の構成で解説していきます。

保守性が高い

私たちが書いたコードは、私たちが想像するよりも長く利用されます。あとから見て何をやっているのか理解不能なコードは良いコードとは言えません。将来の自分は記憶力において他人と同然です。つまり、他人が見て理解できるコードであれば、将来の自分が見ても理解できる良いコードであると言えます。

本書では第3章「名前付け」にて、変数やメソッドの適切な名前の付け方を解説します。続く第4章「スコープ」にて、依存性が低く保守性が高いコードの書き方を紹介します。そして第5章「コードの分割」と第6章「コードの集約」、第7章「データ構造」にて、長いコードの分割や重複コードの集約、データ構造の改善を行うことで、読みやすく保守しやすいコードを実現します。

すばやく効率的に動作する

似たような実装がいくつか考えられるとき、あきらかに効率の悪いものを選択する必要はありません。良いコードは適切なパフォーマンスで動作します。

本書では第8章「コードのパフォーマンス」で、すばやく効率的に動作するコードについて解説します。

正確に動作する

確実に動作し、信頼性が高いことは良いコードの条件です。「防御的プログラミング」という言葉がありますが、これは「正常な値が来るはず」という

図1.1　本書の構成

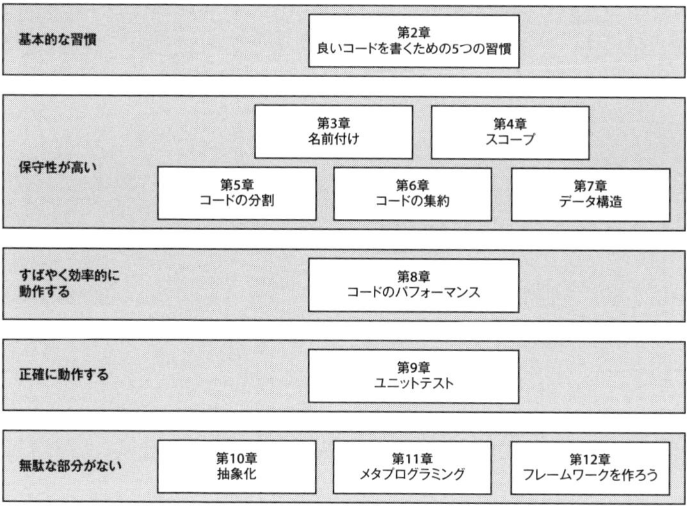

決め付けをせずに、不正な値が来ても被害を受けないように防御的にプログラミングを行うことです。良いコードは防御的で、不測のバグを生み出しにくい作りになっています。

本書では第9章「ユニットテスト」で、バグが少なく正確に動作するコードを実現するために、テストの自動化について解説します。

無駄な部分がない

無駄がないコードは理解するのも修正するのも簡単で時間がかからないため、良いコードと言えます。コード内に繰り返し現れるパターンを劇的に短くする方法として抽象化があります。

本書では第10章「抽象化」で簡単な抽象化について触れ、第11章「メタプログラミング」でより高度な抽象化に挑戦します。第12章「フレームワークを作ろう」では簡単なフレームワークの作成を通してフレームワークの動作原理を知り、本格的な抽象化と柔軟で再利用可能なフレームワーク作成のコツを学びます。

これらの定義を満たす良いコードを書くためには、基本的な日々の習慣を身に付けている必要があります。そこで第2章では、「良いコードを書くための5つの習慣」を紹介します。

1.3 良いコードの価値

では、私たち開発者が良いコードを書けるようになると、具体的にどんなメリットがあるのでしょうか。

プロジェクトを強力に推し進める

良いコードは、プロジェクトを推し進めて成功へと導くための基本的な要素となります。

達人たちは、シンプルで保守性が高く、安定したコードを、ものすごいスピードで書き上げていきます。場合によっては、単純作業を自作のDSL(*Domain Specific Language*、ドメイン特化言語)[注1]に置き換えたり、テストが難しいレガシーなコードをテスト可能で検証できるコードに変更したりすることで、品質や生産性を数百倍に高めることさえあります(おおげさではなく、本当に数百倍の場合もあるのです！)。

これはプロジェクトの成功にとって大きなアドバンテージです。もちろん、良いコードがあれば必ずプロジェクトが成功するわけではありません。実際は、開発プロセスやマネジメント、コミュニケーションなどほかの要素により左右されることも多いのですが、それを差し引いたとしても良いコードの持つ力は大きいと言えます。

プログラマーとしての評価が高まる

良いコードを書くプログラマーは、総じてプログラマーとして信頼され、評価されます。プログラマーとしての評価が組織としての実際の評価や収入に結び付くかどうかは、所属する組織の評価制度やプログラミング以外の仕事ぶりも含めて決まるのが現実です。ですが、「良いコードを書けること」がマイナス評価につながることはないでしょう。

仕事に満足感や自信が持てるようになる

もう二度と触りたくない保守が不可能なコードを書いたことはありませんか？ そのような低いクオリティの仕事をしてしまったときは、仕事に対する満足感を得ることは難しいでしょう。

逆に、自分の意志で適切に良いコードを書き、品質の高い安定したソフトウェアを開発したときは、満足感も高く、自信を持って仕事に取り組めたはずです。長いプログラマー人生を考えると、良いコードが書けるレベ

注1　ある特定の問題に対応するための言語のことです。DSLについては第11章で詳しく取り上げます。

ルを目指すのは合理的なことです。

1.4 代表者の声

本書の対象読者は次の3グループを想定しています。それぞれの代表者にコメントしてもらいましょう。

●良い仕事をしたい普通のプログラマー

別にハッカーを目指すわけでもないし、休日はパソコンに向かうより家族との時間を大切にしたいです。でも、だからといってプログラムが嫌いなわけではありません。良いコードは書けるようになりたいし、高いクオリティの仕事をしたいです。

特段に「達人プログラマー」を目指しているわけではないが、良い仕事と成果を出したいと考えているプログラマーの人は、本書により普段知ることのない新しい概念を知り、興味関心の対象を広げることができるでしょう。

●達人プログラマーを目指す中級プログラマー

新しい技術は大好きっす。書籍やWebでの情報収集は常識なので、良いコードは書けていると思うっす。ただ、最近はインプットが多すぎて、ちょっと消化不良気味。ときにはアウトプットしていきたいなぁ。

向上心が高く達人を目指すプログラマーにとって、本書が良いドキュメントとしての役割を果たすはずです。

●達人プログラマー

良いコードが書けるようになるには時間が必要じゃ。焦らず積み上げていけば必ずや誰でも良いコードが何かわかるようになるはずじゃぞ。すべては、やるか、やらないかじゃ。

すでに達人な人には、「この書籍を新人などに見せれば教育に使えるな」という観点で見ていただくとよいでしょう。

1.5 まとめ

本章では良いコードの定義を行いました。「どのようなものが良いコードか」というのは、それぞれのプロジェクトの特性やチーム構成、技術的な要素、1回きりしか使われないシステムなのか長期的に使用されるシステムなのかなどにより、優先事項が変わります。ただ、ここで紹介した良いコードの定義は基本かつ普遍的なものばかりです。ぜひ、コードを書き終えたら「良いコードの定義を満たせているか」と自分に問いかけてみてください。

第2章

良いコードを書くための5つの習慣

2.1 良いコードは1日にしてならず

プログラミングを始めてから良いコードが書けるようになるまでにはそれなりの時間がかかります。しかし残念なことに、長い期間プログラマーをやっているからといって必ず良いコードが書けるようになるわけではありません。良いコードを書くための習慣を日々実践して、時間をかけて積み上げていくことが重要です。

本章では良いコードを書くために必要な5つの基本的な習慣を紹介していきます(**図2.1**)。どれも大切な習慣なのですが、特に重要だと思われる順に説明します。

2.2 習慣その1　読む

コードを読んで読んで、読みまくれ!

今までにオープンソースソフトウェアや周りの達人プログラマーの人が書いたコードをじっくり読んだことがありますか？ もし読んだことがあまりないのであれば、それはかなり危うい状況です。コードがけっこう書けるという自信があなたにはあったとしても、もしかすると井の中の蛙になっているかもしれません。

音楽や絵画、建築などの世界で、自分だけの発想で作品を完成させる芸術家はほとんどいません。先人たちの作品を見て、影響を受けたり良いところを盗んだりして自分の中で咀嚼《そしゃく》することで、オリジナルの作品を生み出してきました。

図2.1　良いコードを書くための5つの習慣

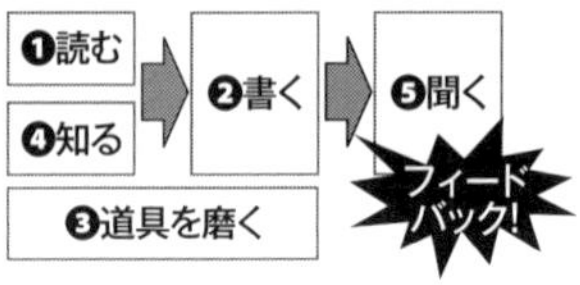

GitHubでコードの海を泳ぐ　Column

コードホスティングサービスを使うと、自分が今書こうとしている領域に近いコードを、ダウンロードすることなくすばやく検索してコードリーディングできます。

GitHub[注a]は、GitHub, Inc.が提供するコードホスティングサービスです。数多くのオープンソースプロジェクトがホスティングされています。コードの検索結果は人気順で並び替えたり、言語で絞り込んだりできます。

注a　https://github.com/

プログラミングも同じです。良いコードが書けるようになるには、悪いコードも含めて他人が書いたコードを普段から意識して読むことが大切です。幸いにも現在ではオープンソースソフトウェアが多数存在するので、他人の書いたコードをいつでも気軽に読むことができます。コードを読むことを「コードリーディング」と呼びます。具体的なコードリーディングの方法は付録Aで解説しているので、それを参考にしてぜひコードをたくさん読んでください。

2.3 習慣その2　書く

とにかくコードを書こう

> 手の裏付けのない言葉はあまりに安い。人を動かしたかったら、まず自分の手を動かせ。手が塞がっていたら、手を動かした経験を語れ。口で語るな手で語れ。
>
> ――小飼 弾「スーツの道も、舗装するのはギーク」(404 Blog Not Found)[注1]2007

当たり前のことですが、良いコードが書けるようになるには「自分の手を動かしてコードを書く」必要があります。コードを書くという実践が良いコ

注1　http://blog.livedoor.jp/dankogai/archives/50975131.html

ードを書くうえでの血肉となります。仕事でコードを書くのはもちろんですが、日々の単純作業を効率化するツールやスクリプトを書いたり、新しい言語やフレームワークを試してみたり、さまざまな場面で自分の手を動かしてコードを書きましょう。

「いったい何を書けばいいんだろう」という人は、コードの写経はいかがでしょうか。書籍やWebサイトに掲載されているコードを、実際に手を動かして1文字ずつ入力することを「写経」と呼びます。写経することで、もとのコードが書かれた手順や、行間に潜む意図をうかがい知ることができます。これは「コピペ」では得ることができません。その技術を体得したいときや初めての技術に挑戦するときなどに特にお勧めです。

1人でプログラムを書けますか?

Column

プログラムを自分1人でゼロから書けない／書いたことがないという人も、意外と多いのではないでしょうか。仕事では、プロジェクトのディレクトリ構成やライブラリの設定、そのほかもろもろの開発の準備を、リーダーや達人プログラマーがやってくれていることも多いはずです。「このサンプルのように、アクションクラスとこのサービスクラス、DAO(*Data Access Object*)だけを書けばOK。あとは、仕様書どおりに書いてね」とこんな具合で、なかなかゼロからプログラムを書く機会はないかもしれません。

このようなやり方は、チームで仕事を進めるうえでは効率が良いでしょう。しかし、「部分的なプログラム」しか書けないのは、開発者として将来に大きなリスクを抱えている状態と言えます。ある程度の規模のプログラムをゼロから最後まで書けるようになって初めて、プログラマーとしてスタート地点に立てたと思ってよいでしょう。

まずは小さなプログラムでかまわないので、自分で何かをゼロから書いてみてください。できあがったら、同僚や上司、友達に見せたり、Webで公開してみたりしてください。きっと仕事でやっている部分的なプログラムでは得ることのできない経験と自信が得られるはずです。

2.4 習慣その3　道具を磨く
使う道具は常に磨いておこう

コードを書くうえで必要な道具や環境を最高の状態に保ちましょう。作業効率を上げていくことで、無駄のないプログラミングが行えます。たとえばAPIリファレンスが必要なときに、エディタのコード上から1秒で確認できるのと、Googleで毎回検索して目的の場所にたどり着くのとでは、まったく効率が異なります。

以下、道具ごとに見ていきましょう。

エディタ／統合開発環境

Visual Studio CodeやVimなどの高機能なエディタや、IntelliJ IDEA、Eclipseのような統合開発環境(*Integrated Development Environment, IDE*)を使いこなして、効率的な作業環境を構築しましょう。これらには効率を高めるショートカットキーや機能が満載です。ショートカットキーを駆使してマウスやカーソルキーの利用を減らしたり、エディタをカスタマイズしたりすることで、手になじむ効率の良い開発環境を整えていきましょう。

自動化

ビルドは自動化しましょう。データベースのスキーマ作成は自動化しましょう。テストは自動化しましょう。ありとあらゆることを自動化の対象とみなして、改善していきましょう。シェルスクリプトやバッチファイル、JavaならGradleやMaven、Rubyならrakeコマンド、Node.jsならnpm-scriptなどを使えば、繰り返し行う単純作業を自動化できるはずです。

バージョン管理ツール

バージョン管理ツールを使って、作業を巻き戻したり効率良くチーム開発できる環境を作りましょう。主に使われるバージョン管理ツールとしてはGitがあります。

UNIX/Linux/macOS

UNIX/Linuxのコマンド／ツール群は、開発の細かい作業をサポートしてくれます。また、Windowsでは知ることのできない哲学がUNIXの文化にはあります[注2]。

最近ではWindows上でLinuxを動かすことも、WSL(*Windows Subsystem for*

注2　https://ja.wikipedia.org/wiki/UNIX哲学

良い道具に乗り換える　Column

「プログラマー35歳定年説」をよく耳にします。みなさんはいつまでコードを書くのでしょうか。

私も以前そのことを考えました。そのとき私は32歳でしたが、60歳になっても何らかの形でコードを書いているのではないか、もしコードを書いていなかったとしても、コード的なものや文章などをエディタで書いているではなかろうかと思いました。そう考えると、最高に効率が良いエディタに早めに乗り換えたほうがよいと思い至りました。

思い立ったが吉日、それまで使っていたWindows系のエディタを捨てて、Emacsを使うことにしました。ちょうどUNIX系のOSを学びたかったこともあり、荒療治としてWindowsからmacOS環境にスイッチして、Emacsをメインのエディタにしました。お気に入りのWindowsのエディタが使えない環境に自分を追い込んだのです。

最初は、まったく使いこなせませんでした。周りにいる「Emacsを魔法のように使う達人」に教えてもらったりしながら、少しずつ使えるようになっていきました。おかげで今では、この原稿もEmacsで書くことができています。途中でもっと良いエディタが出てきたら乗り換えるかもしれませんが、今のところ60歳までEmacsでコードを書いていようと思っています。

と、ここまでは2011年の初版で書いていたのですが、2021年の改訂版執筆時にはVisual Studio Codeに乗り換えていました。良い道具に乗り換えた好例ですね[注b]。

注b　ただし、JavaやKotlinなどJVM(*Java Virtual Machine*、Java仮想マシン)系の言語はIntelliJ IDEA、SwiftはXcodeで書いています。

Linux）やDocker、VirtualBoxなどの仮想環境を利用すれば簡単です。Windowsとさほど変わらない使い勝手を持ったLinuxディストリビューションのUbuntuや、UNIXベースのmacOSで開発することも問題なくできます。使ったことのない人はぜひ利用してみてください。きっと世界が広がるはずです。

2.5 習慣その4　知る
良い知識を得よう

良い知識を得ることは、技術力向上には欠かせない習慣の一つです。以下、媒体別に知識習得の方法を見ていきましょう。

書籍 ―― 原典とHow To本の2冊買いがお勧め

正しいことは何なのか、良いコードとはどのようなものなのかを知るうえで、書籍はコストパフォーマンスに優れています。

書籍を選ぶときは良書を入手しましょう。**表2.1**のように、各言語にお

表2.1　言語別良書の例

言語	書籍
Java	Ken Arnold、James Gosling、David Holmes 著／柴田芳樹 訳『プログラミング言語Java 第4版』東京電機大学出版局、2014
JavaScript	Ethan Brown 著／武舎広幸 他訳『初めてのJavaScript 第3版』オライリー・ジャパン、2017
Ruby	David Flanagan、まつもとゆきひろ 著／卜部昌平 監訳／長尾高弘 訳『プログラミング言語Ruby』オライリー・ジャパン、2009
PHP	Kevin Tatroe、Peter MacIntyre、Rasmus Lerdorf 著／高木正弘 訳『プログラミングPHP 第3版』オライリー・ジャパン、2014
Python	陶山嶺 著『Python実践入門』技術評論社、2020
C	B.W. Kernighan、D.M. Ritchie 著／石田晴久 訳『プログラミング言語C 第2版 ANSI規格準拠』共立出版、1989（通称K&R）
C#	Ian Griffiths 著／鈴木幸敏 他訳『プログラミングC# 第7版』オライリージャパン、2013
Go	Alan A.A. Donovan、Brian W. Kernighan 著／柴田芳樹 訳『プログラミング言語Go』丸善出版、2016
Swift	石川洋資、西山勇世 著『[増補改訂第3版]Swift実践入門』技術評論社、2020

いて原典と呼ぶにふさわしい良書が存在します。原典には本質的なことが書いてあり、その分野を深く理解するためにも欠かせません。

しかし「良薬は口に苦し」です。良書は、難しく見えたり、とっつきにくかったりすることが多々あります。ですので、同時にライトなHow To本を手に入れるのもよいでしょう。ただしHow To本の宿命として、最初はとっつきやすいのですが、その後実力が伸びなくなることが多いのも事実です。

繰り返しますが、良書を入手しましょう。最初は理解できなかったものでも、あとで必要になってくるはずです。良書が「けっこう良い本だな」と思えるようになれば、かなりレベルアップしていると言えるでしょう。Amazonの評価やブログでの評判を見れば、どれが良書なのかはある程度見えてきます。最後は書店で自分の目で確認して、みなさんにとっての良書を見つけてください。

リファレンスや仕様書などのドキュメント

APIリファレンスや、RFC(*Request for Comments*)、JSR(*Java Specification Requests*)などの仕様書は、それぞれの仕様における原典です。原典は手元に置いてすぐに確認できるようにしておきましょう。

Webサイト

言語やフレームワーク、Webの最新技術、開発プロセスなどの技術情報は常に移り変わっていくので、Webサイトでの継続的な情報収集が欠かせません。

その際は、はてなブックマーク[注3]やスマートニュース[注4]のテクノロジカテゴリを日々チェックすることをお勧めします。今ホットな記事やブログのチェックに最適です。また、Twitterでプログラミング系の情報を発信し

注3　https://b.hatena.ne.jp/hotentry/it

注4　https://www.smartnews.com/

ているユーザーをフォローしたり、Qiita[注5]やZenn[注6]などのプログラマー向けの情報コミュニティへ参加したりすることで、自分が興味ある情報をより効率的に収集できます。

2.6 習慣その5　聞く
アウトプットと人からのフィードバックでさらなる成長を

これまでの4つの習慣は、1人でできる、いわば「静的」なものでした。最後の「聞く」は、他人を巻き込んだ「動的」な習慣です。「聞く」はアウトプットと対になっています。まず自分のコードや考えを誰かにアウトプットして、フィードバックを得られる場面を作る必要があります。

ここでは、アウトプット＆フィードバックのための方法をいくつか紹介します。

コードレビューを受ける

書籍や記事の執筆では、荒削りな段階の原稿を他人がチェックして、より良い記事にしていく、「校正作業」というすばらしいプロセスが用意されています。校正作業により「自分以外の誰か」に見てもらうことで、ブラッシュアップされた良い原稿へと近付いていきます。

コードも同じです。公式・非公式を問わず、自分の書いたコードを自分以外の誰かにコードレビューしてもらうことで、自分では気付かなかったフィードバックがもらえます。コードレビューを通してコードが良くなるのはもちろんですが、自分やレビュアーが気付きを得て成長することもできます。

コードを公開する場のデファクトスタンダードは、コラムで紹介したGitHubです。GitHubで自分のコードを公開すると、他人が要望を出したり、スター（お気に入り）やフォーク（コードを引用して分岐すること）を行えるので、ダイレクトな反応が得られます。

注5　https://qiita.com/

注6　https://zenn.dev/

ブログを書く

フィードバックを得る方法の一つとして、ブログに書いてアウトプットするという方法があります。たとえば、自分の書いたコードや考えを載せてみたり、はまったポイントを書いてみたり。

最近ではブログ内のキーワードやソーシャルブックマークなどで、興味対象が近い人どうしがつながる機会も多くなりました。ちょっとしたことでも発言してみることで、フィードバックや気付きを得ることができます。

コミュニティや勉強会に参加する

技術コミュニティによる勉強会、読書会などが各地で開催されています。これらの場には志の高いエンジニアが多数参加しています。このような場所で仲間を見つけて、直接意見を交換したり、気軽に質問してみたりしてください。その出会いが、あなたのこれからの仕事をより良いものにするはずです。

成果を発表する

セミナーや勉強会で一番成長するのは、間違いなく講師や発表者です。社内勉強会を開催するなどしてみんなの前で話すことで、考えがまとまり、より理解を深めることができます。

2.7 まとめ

本章では、良いコードを書くために必要な日々の習慣を紹介しました。今回紹介した習慣をすべてやらなければいけないわけではありません。自分のペースで、必要なものから取り入れていくとよいでしょう。

次章以降では、良いコードについて具体的に掘り下げていきます。

第3章

名前付け

3.1 良いコードは良い名前から生まれる

プログラミングを行っていると、変数名、メソッド名、クラス名など名前を考える場面が多々あります。良い名前は重要です。

大切なことなので、もう一度言います。

良い名前は重要です。

良い名前を使うことで読みやすく理解しやすいコードになり、保守性も向上します。逆に悪い名前はバグを生み出しやすく、保守が難しくなります。名前付けは良いコードの第一歩であり、基本中の基本です。

しかし、良い名前付けは難しいものです。たとえば「コネクションに接続できないときの例外クラス」が必要になったら、FatalConnectException、CannotConnectException、ExternalConnectExceptionといったふうに、いかようにも自由に作成できます。本章では、自由だからこそ難しい名前付けについての指針を紹介していきます。

3.2 代表者の声

まずは代表者の方々に、名前付けについてコメントしてもらいましょう。

●良い仕事をしたい普通のプログラマー

いつも名前付けで悩んでいます。クラス名だけだったらプロジェクトで命名規約が決まっているので付けやすいんです。だいたい*Xxx*Action、*Xxx*Dao、*Xxx*Dtoのワンセットでなんとかなります。難しいのは具体的な命名規約が少ないメソッド名や変数名ですね。英語力不足のせいで名前付けに時間がかかりますし、これでよいのかどうか不安なんですよ。

●達人プログラマーを目指す中級プログラマー

名前付け重要。名前が良くないとコードの可読性が落ちるし、何より気持ち良くないっすよ。最近はオープンソースソフトウェアのコードを見たりして、命名の幅を広げるように心がけています。こないだスタックトレース（プログラムの詳細なエラーメッセージ）の中にかっこいいクラス名を見つけたんで、さっそく自作のクラスで使っちゃいましたよ。

●達人プログラマー

適切な名前を付けることが重要。けっしてオリジナルの画期的な名前が常に必要なわけではないんじゃよ。画期的な名前だらけのコードを保守したことがあるかい？　あまりにも画期的すぎて、鼻血が出そうじゃったわい。そうそう、名前付けがうまくできないときは、設計を見なおしたほうがよいことが多いのう。ふぉっ、ふぉっ、ふぉっ。

達人プログラマーは経験豊富なだけあって達観した意見ですね。達人はやはりこうあるべきでしょう。

3.3 良い名前の条件

では、良い名前の条件とはどのようなものでしょうか。いくつか挙げていきます。

説明的で意味・意図を表している

良い変数名、メソッド名、クラス名は、名前がその中身を正しく表しています。そのような名前はコメントを読むまでもなく、名前を見るだけでその役割を理解できます。良い名前はコードの理解を助けますが、悪い名前は読む者を混乱させ、勘違いを生み、バグの発生を助長します。

悪い名前の例を見てみましょう。以下は、「消費税金額を3桁ごとのカンマ区切りの文字列に変換して出力する」処理です。

```
// 消費税をカンマ区切りに変換
String s = fmt(value);

// 整形済み消費税出力
out.println(s);
```

変数名(s、value)、メソッド名(fmt)がとても短いので、名前を見ただけでは何の役割を持つのかわかりません。そのため、1行ごとに役割を伝えるコメントが必要になっています。

では、次の名前はどうでしょうか。

```
String formattedConsumptionTax =
    insertGroupingSeparators(consumptionTax);
out.println(formattedConsumptionTax);
```

変数名(formattedConsumptionTax、consumptionTax)、メソッド名(insertGroupingSeparators)ともにたいへん長いです。名前で役割を説明しているので、コメントなしでも理解が容易です。つまり、こちらのほうが良い名前が付いていると言えます。

しかし、いささか名前が長すぎますよね。あまりに名前が長いと、逆にコードの可読性が落ちてしまいます。その場合、次のように短く省略するとよいでしょう。

```
String formattedTax = insertGroupSeps(consumptionTax);
out.println(formattedTax);
```

すっきりしてずいぶんコードが読みやすくなりました。これくらいであれば名前を短くしても十分に意味は伝わります。省略によって意味がわかりにくくなってしまっては本末転倒ですので、その点を注意して名前付けを行ってください。

❖省略のコツ

省略のコツはいくつかあります。先の例では次のことを行っています。

- 先頭の数文字を残す。複数形の場合は最後のsは残すことが多い（Separators → Seps）
- ingの削除（Grouping → Group）
- 単語の削除（formattedConsumptionTax → formattedTax）

そのほかにも次の方法などがあります。

- 語頭以外の母音を削除する（image → img）
- 強い音を残す（server → svr）
- 一般的な略語の利用（database → db）

略語に自信がないときは、All Acronyms[注1]などの短縮語検索サイトも便利です。たとえばformatと入力すると、fmtが表示されます。

一貫性がある

良い名前は、コード全体を通して一貫したポリシーで名前付けが行われています。たとえば、

- 対称性を保つ
  begin/end、write/read、on/offなど
- 単語の組み合わせ方を一貫させる
  scoreAvg、scoreAverage、avgScoreなどを同時に使用しないなど

といったことが大切です。

英語で付けられている

プログラミングで用いられる名前のほとんどは英語です。英語を使って適切な名前を付けることで、意図が正確に伝わます。英語が苦手な方は次の点に気を付けて名前付けするとよいでしょう。

注1　https://www.allacronyms.com/

❖オレオレ単語を作らない

日本人だけが間違って使うことが多い単語として「regist」があるそうです。実際にはregistという単語は存在せず、正しくはregisterになります[注2]。英語が苦手な人は、オレオレ単語を作らないように気を付けましょう。

❖スペルミスに注意する

英語が苦手な場合はスペルミスにあまり気付きませんが、英語が得意な人からするとスペルミスはかなり気になるようです。辞書サイトなどを活用して正しい英語を使いましょう。英語が得意な人は、ミスに気付いたらやんわりと教えてあげてください。

❖誤訳に注意する

Google翻訳[注3]やDeepL翻訳[注4]などで日本語を翻訳すると、直訳されてまったく意味が異なる英単語が返されることがあります。直訳英語をそのまま使うのは、思いがけず恥ずかしい意味の単語を使ってしまうことがあり危険です。たとえば音楽を「再生」(play)するメソッド名を決めるときに翻訳サイトで「再生」を翻訳すると、「reproduction」(複製品、復元という意味)と翻訳されることがあります。しかしこれではまったく意味が異なってしまい、バグのもとになりかねません。単語はその文脈や対象領域に合ったものかどうかを見極めてから使いましょう。

❖自信がないときは……

次の方法で正しいかどうかを確認しましょう。

- 英語が得意な人に相談する(レビューしてもらう)
- Googleで検索して、検索結果の件数をチェックする(正しい単語なら検索結果が多いはず)
- GitHubで、ほかのプロジェクトで使用されている名前かどうかを確認する

注2 「registという英語は無い」(秋元@サイボウズラボ・プログラマー・ブログ)
https://labs.cybozu.co.jp/blog/akky/2005/07/regist/

注3 https://translate.google.com/

注4 https://www.deepl.com/ja/translator

- Weblio[注5]で検索する。たくさんの例文が一緒に表示されるため、どのような文脈で使用すればよいかがわかりやすい

イディオムに従っている

言語ごと、対象領域ごと、会社やチームごとに命名に関するイディオム(慣習)があります。たとえばJavaであればメソッド名は小文字から始まるのが標準的ですが、C#では大文字から始まります。C++ではメンバ変数(Javaで言うところのインスタンス変数)に接頭辞m_を付けるのが一般的です。イディオムに従った名前は、誰が見ても驚きが少なく、わかりやすい名前と言えます。

コーディング標準に従っている

これまで説明した良い名前の条件を満たすためにも、それぞれのプロジェクトでコーディング標準や命名規約を定めてチームメンバー全員が合わせていくことが重要です。

各プログラミング言語のコーディング標準も公開されています(**表3.1**)。

注5　https://ejje.weblio.jp/

表3.1　言語別コーディング標準

言語	作者	URL
Java	Google	https://kazurof.github.io/GoogleJavaStyle-ja/
	フューチャー株式会社	https://future-architect.github.io/coding-standards/documents/forJava/
JavaScript	Feross	Aboukhadijeh https://standardjs.com/readme-ja.html
Ruby	Shugo Maeda	https://shugo.net/ruby-codeconv/codeconv.html
PHP	PHP-FIG	https://www.infiniteloop.co.jp/docs/psr/psr-2-coding-style-guide.html
Python	PEP 8	https://pep8-ja.readthedocs.io/ja/latest/
C	L.W.Cannon他	https://dennou-q.gfd-dennou.org/library/comptech/cstyle/cstyle-ja.htm
C#	Microsoft	https://docs.microsoft.com/ja-jp/dotnet/standard/design-guidelines/
Go	Google	https://github.com/golang/go/wiki/CodeReviewComments
Swift	Apple	https://swift.org/documentation/api-design-guidelines/

また、Ruby on Rails、Spring Bootなどのフレームワークや、Gradle、Mavenなどのビルドツールでは、ディレクトリ構成やパッケージ構成、クラス名などの命名規約があらかじめ定められています。これらの枠組みを利用することで、悩むことなく名前付けの標準を定めることができます。

プログラムでは、名前を付ける場面が数多くあります。以降では、個々の要素である変数名、メソッド名、クラス名、パッケージ／ネームスペース名、プロジェクト名の良い名前について見ていきます。

名前の流行り廃り

Column

人の名前と同様に、コードの名前付けにも流行り廃りがあります。

一例を挙げると、昔はJavaのインスタンス変数にアンダースコアを付けるイディオムがありました。

```
private String name_;

public void setName(String name) {
    name_ = name; // バグを生みにくい
}
```

これは、インスタンス変数に特徴を持たせることで、次のような「引数への代入」などの単純なバグを防ぐことが目的です。

```
private String name;

public void setName(String name) {
    name = name; // 引数に代入してしまっているバグ
}
```

しかし、IntelliJ IDEAやEclipseなどの統合開発環境では、これらのバグはエディタ上でリアルタイムに警告を発します。ですので今では、アンダースコアを付けるイディオムはあまり見かけなくなりました。

3.4 変数名

まずは変数名です。変数名は宣言、代入、参照といった箇所でコード中に何度も登場します。良い変数名を付けることができればコードの可読性はぐんと高まります。

基本は説明的な名前を付ける

変数には値やオブジェクトが格納されています。変数名を見るだけで何がどのような役割として格納されているのかが明確にわかるものが良い名前と言えます。

たとえば次のように、n、languages、flg、userAgentといった変数名を付けられても、あとから見返したときに変数の役割がわかりません。

```
// ✖ 何の数値？
int n;

// ✖ 何の言語？
String[] languages = {"ja", "en"};

// ✖ 何のフラグ？
boolean flg = false;

// ✖ 何のユーザーエージェント？
UserAgent userAgent;
```

次のようにorderCount、availableLanguages、existsSameName、unknownUserAgentと具体的で明確な名前付けをしておけば、あとから見返したり他人が見ても理解しやすいコードになります。

```
// ○ オーダー数
int orderCount;

// ○ 利用可能な言語
String[] availableLanguages = {"ja", "en"};
```

```
// ○ 同性同名が存在するか？（存在する場合はtrue）
boolean existsSameName = false;

// ○ 未知のユーザーエージェント
UserAgent unknownUserAgent;
```

ただし変数は、変数の種類とその変数のスコープ[注6]によって求められる良い名前の性質が異なってきます。スコープが長いとさまざまな箇所から参照され影響範囲が大きいため、より具体的な名前付けが求められます。それでは以下、変数の種類別に見てみましょう。

グローバル変数、クラス変数、インスタンス変数 ―― 意味を正しく表現する

グローバル変数、クラス変数、インスタンス変数は、ローカル変数と比較すると変数のスコープが長いため、その変数の意味を正しく表現した名前が望ましいです。

以下は、具体的な名前が付けられていない悪いコードです。

```
public class IgnorePathProxyFilter implements Filter {
    // ✖ 何のためのパターン名か不明
    public static final String PATTERN_NAME = "ignorePathPattern";
```

注6　変数の値を参照できる範囲のことです。変数の宣言から始まり、変数の値が参照できなくなるまでの範囲です。詳しくは次章で解説します。

変数の種類

Column

変数にはいくつか種類があります。同じ意味であっても言語によって呼び方が異なったりするので、ここで整理しておきます。

```
public class MailSender {
    // クラス変数（グローバル変数でもある）
    public static int PORT = 25;

    // クラス変数
    private static final int WAIT = 25;

    // インスタンス変数
    public boolean enabled;
```

```
    ...
    public void send(Mail[] mails) {
        // i、mailはローカル変数
        for (int i = 0; i < mails.length; i++) {
            Mail mail = mails[i];
            ...
        }
        ...
    }
}
```

グローバル変数

グローバル変数は、プログラムのどこからでも参照できる変数のことです。Javaでは、次に紹介するクラス変数をグローバル変数の代わりに利用します。

クラス変数

クラス変数は、クラスが保持する変数のことです。Javaではクラス内で定義されたstaticな変数がクラス変数です。

```
public class MailSender {
    // クラス変数の定義
    public static int PORT = 25;
}

// クラス変数の値をセット
MailSender.PORT = 1025;

// クラス変数の値を取得
System.out.println(MailSender.PORT);
```

インスタンス変数(フィールド変数)

インスタンス変数はフィールド変数とも呼ばれます。インスタンス変数はインスタンス(オブジェクト)ごとに保持される変数のことです。インスタンス変数は、インスタンスを生成して初めて使えるようになります。

```
// インスタンスの生成
MailSender sender = new MailSender();

// インスタンス変数の値を取得
System.out.println(sender.enabled);
```

Javaではクラス内で定義されたstaticでない変数がインスタンス変数です。逆にstaticで宣言された変数はクラス変数になります。

ローカル変数

ローカル変数は、メソッドやfor文などの短いブロックの中で使用される一時的な変数のことです。

```
    // ✖ 何のためのパターンのリストか不明
    private final List<Pattern> patterns = new ArrayList<Pattern>();

    public void init(FilterConfig filterConfig) throws ServletException {
        ...
        // ✖ 何のパターンを取得しているの？
        String patternString =
            servletContext.getInitParameter(PATTERN_NAME);
        if (!StringUtils.isEmpty(patternString)) {
            for (StringTokenizer tokenizer =
                new StringTokenizer(patternString, ",");
                tokenizer.hasMoreTokens();)
            {
                String token = tokenizer.nextToken();
                Pattern pattern = Pattern.compile(token);
                // ✖ 何のパターンに追加しているの？
                patterns.add(pattern);
            }
        }
    }
}
```

具体的な名前に書き換えると次のようになります。

```
public class IgnorePathProxyFilter implements Filter {
    // ○ 対象外とするパスパターンのパラメータ名であることが明確
    public static final String IGNORE_PATH_PATTERN_PARAM_NAME =
        "ignorePathPattern";

    // ○ 対象外とするパスのパターンのリストであることが明確
    private final List<Pattern> ignorePathPatterns =
        new ArrayList<Pattern>();

    public void init(FilterConfig filterConfig) throws ServletException {
        ...
        // ○ 対象外のパスパターンを取得していることが明確
        String ignorePathPatternString =
            servletContext.getInitParameter(
                IGNORE_PATH_PATTERN_PARAM_NAME);
        if (!StringUtils.isEmpty(ignorePathPatternString)) {
            for (StringTokenizer tokenizer =
                new StringTokenizer(ignorePathPatternString, ",");
```

```
                tokenizer.hasMoreTokens();)
            {
                String token = tokenizer.nextToken();
                Pattern pattern = Pattern.compile(token);
                // ○ 対象外のパスパターンに追加していることが明確
                ignorePathPatterns.add(pattern);
            }
        }
    }
}
```

ローカル変数 ―― スコープの長さで使い分け

ローカル変数はメソッド内などで一時的に宣言される変数です。スコープは長いものもあれば、for文で使用するiなどのループカウンタのように短いものもあります。

スコープが長いものは、インスタンス変数と同様、変数の意味を正しく表現する具体的な名前を付けてください。

スコープが短いものは、以降で説明するような使い分けを適宜行ってください。

❖イディオムに従う／従わない

配列の中身を逐次処理するループカウンタ変数(i、j、k)などのように、よく使われる慣習的な変数名はイディオムに従ったほうがわかりやすいコードになります。

```
// ✖ ループカウンタの変数名が慣習的ではなく長すぎる
for (int empCounter = 0; empCounter < employes.size;
        empCounter++) {
    Employee emp = employees[empCounter];
    ...
}

// ○ ループカウンタの名前が慣習的で短く、可読性が高い
for (int i = 0; i < employes.size; i++) {
```

```
    Employee emp = employees[i];
    ...
}
```

ただし例外もあります。具体的な変数名にしたほうがわかりやすい場合はそうします。たとえば座標系を扱う場合などです。

```
// ✖ i、jのどちらがx座標、y座標なのかわからなくなる
for (int i = 0; i < width; i++) {
    for (int j = 0; j < height; j++) {
        int color = getColor(i, j);
        ...
    }
}

// ○ 変数名をx、yとしたので、わかりやすい
for (int x = 0; x < width; x++) {
    for (int y = 0; y < height; y++) {
        int color = getColor(x, y);
        ...
    }
}
```

❖変数名を短くしたほうが可読性が向上する場合もある

十分に見通せる範囲で一目瞭然の場合、一時的な変数は短くてもかまいません。特に、ループ内の変数や短いメソッド内の変数では、短くしたほうが可読性が向上する場合があります。

```
// ✖ 変数名siteContactChangelogは長すぎる
for (int i = 0; i < siteContactChangelogs.length; i++) {
    SiteContactChangelog siteContactChangelog =
        siteContactChangelogs[i];
    siteNames[i] =
        siteContactChangelog.getSiteName();
    siteTitles[i] =
        siteContactChangelog.getSiteTitle();
    sitePicIds[i] =
        siteContactChangelog.getPicId();
    sitePicNames[i] =
```

```
        siteContactChangelog.getPicName();
}

// ○ 変数名logで十分意味は理解でき、可読性も向上する
for (int i = 0; i < siteContactChangelogs.length; i++) {
    SiteContactChangelog log = siteContactChangelogs[i];
    siteNames[i] = log.getSiteName();
    siteTitles[i] = log.getSiteTitle();
    sitePicIds[i] = log.getPicId();
    sitePicNames[i] = log.getPicName();
}
```

メソッドの引数名 ── わかりやすく簡潔に

メソッドの引数名はわかりやすくて簡潔な名前が良いでしょう。引数名は利用者がAPIリファレンスで参照したり、IntelliJ IDEAなどの統合開発環境から変数名の候補として利用されるので、極端に短い名前を付けるのは避けるべきです。

```
// ✖ 第2引数のaccountの意味が不明
public void updateItem(Item item, Account account) {
    ...
}

// ○ 第2引数は更新者の情報であることが明確
public void updateItem(Item item, Account updater) {
    ...
}
```

3.5 メソッド名

良いメソッド名は、名前から機能が想像できます。メソッドは処理を行うので、メソッド名は「動詞」または「動詞」+「目的語」になっていることが多いです。Javaでよく使用されるメソッド名には**表3.2**があります。

インスタンスメソッドは、dateFormat.parseのようにオブジェクト名と組み合わせて呼び出されるので、組み合わされたときに重複なく意味が通る名前にします。クラスメソッドとクラス名も同様です。

```
// ✖ parseDateStringだとオブジェクト名のdateFormatと
//     dateが重複するため、若干冗長
DateFormat dateFormat = new DateFormat("yyyy-MM-dd");
Date startDate = dateFormat.parseDateString("2011-04-01");

// ○ オブジェクト名のdateFormatとメソッド名parseの
//     組み合わせで、何を行うのかは十分理解できる
DateFormat dateFormat = new DateFormat("yyyy-MM-dd");
Date startDate = dateFormat.parse("2011-04-01");
```

よく使用されるメソッドは簡潔で短い名前が良いという意見があります[注7]。たとえば、Javaのjava.util.Vectorクラスで要素を取得するメソッド名はelementAtでしたが、後発のjava.util.Listクラスではより簡潔なgetに変更されています[注8]。

注7　特に軽量言語ではその文化が強いです。
注8　「ヒューメインインタフェース」(Martin Fowler's Bliki)
https://bliki-ja.github.io/HumaneInterface/

表3.2　Javaでよく使用されるメソッド名

メソッドの役割	メソッド名
値の取得に関するメソッド	get*Xxx*
値のセットに関するメソッド	set*Xxx*
生成に関するメソッド	create、build、make、generate
初期化に関するメソッド	initialize、setup*Xxx*
破棄に関するメソッド	destroy、dispose
状態の確認に関するメソッド	contains、exists

メソッドの種類

Column

メソッドにもいくつかの種類がありますので、ここで整理しておきます。

```
public class MailSender {
    // インスタンスメソッド
    public void send(Mail[] mails) {
        // i、mailはローカル変数
        for (int i = 0; i < mails.length; i++) {
            Mail mail = mails[i];
            ...
        }
        ...
    }

    // privateなクラスメソッド
    private static boolean isNotEmpty(String str) {
        return str != null && str.length > 0;
    }

    // publicなクラスメソッド（グローバル関数代わり）
    public static MailSender create() {
        ...
    }
}
```

インスタンスメソッド

インスタンスメソッドは、インスタンス（オブジェクト）に結び付いて呼び出すことができるメソッドのことです。インスタンスメソッドはインスタンス変数にアクセスできます。Javaではstaticが付かないメソッドがインスタンスメソッドです。

```
// インスタンス（オブジェクト）を生成
MailSender sender = new MailSender();

// インスタンスメソッドの呼び出し
sender.send(mails);
```

クラスメソッド

クラスメソッドは、クラスが持つメソッドのことです。Javaではstaticが付いたメソッドのことです。

CやC++、JavaScriptには、どこからでも呼び出せるグローバル関数があります。Javaには存在しませんが、Javaではpublicなクラスメソッドがグローバル関数と同様にどこからでも呼び出せます。

```
// クラスメソッドの呼び出し
MailSender sender = MailSender.create();
```

3.6 クラス名

変数名やメソッド名と比べてクラス名は粒度が大きいため、適切で良い名前を付けることが重要です。良いクラス名は、名前だけで何を行うクラスかがわかります。

クラス名がうまく思い浮かばないときは、自分が作ろうとしているクラスの役割がちゃんと整理しきれていないことを疑ってください。1つのクラスに複数の責務を押し込んでいたり、役割があいまいだったりしていませんか？ その場合、解決したい問題をじっくりと考えて、クラスを再設計する必要があるでしょう。「クラスの名前付け」=「設計」なのです。

クラス名のボキャブラリは経験とともに高まる

名前付けに関して筆者は、「自分が知らない表現・概念は、自分の中から(簡単には)生まれない」と考えています。より上位の表現をものにするには、いろいろなコードや書籍を読んだり、実際にコードを書いて試すことが重要です。その経験を通して、名前に関するボキャブラリが少しずつ増えていきます。**図3.1**は「クラス名に対する成長の過程」を図式化したものです。

❶は駆け出しのころです。`*Bean`、`*Util`、`*Action`などのクラス名は、参加しているプロジェクトで命名規約があるので安心して書くことができます。背伸びをして何にでも`*Manager`という名前を付けて、マネージャだらけのコードにしてしまうのもこのころです。一方で、少し上の概念である`*Handler`や`*Adaptor`などは触れる機会も少なく、難しそうに思えるころでもあります。

オープンソースソフトウェアのコードを読んだり、デザインパターンなどを勉強するうちに、❷の概念が理解できるようになってきます。このあたりの概念はGUIフレームワークに多く盛り込まれているので、特にGUIのアプリケーションを書くと体で理解できるでしょう。

さらに難易度の高い設計を行ったり、フレームワークやライブラリを作成するようになると、❸あたりの概念に興味が出てきます。

このようにクラス名のボキャブラリと設計能力は、車輪の両輪のように同時に高まっていきます。

3.7 パッケージ／ネームスペース名

Javaのパッケージや C#のネームスペースなどは、クラスやリソースの論理的なグルーピングを行い、階層構造を実現します。これは、主に名前の衝突を防ぐために使用されます。

パッケージ名には、グループの論理的な内容を表す簡潔な名詞を選択します。**図3.2〜3.4**はパッケージ名の良い例です。

図3.2はGoogleのDI(*Dependency Injection*)コンテナGoogle Guiceのパッケージ構成です。機能単位できれいにパッケージ分けされています。

図3.3はSpring BootでWebアプリケーションを作成する際の一般的なパッケージ構成です。クラスの種類ごとにパッケージ分けされていて、アプ

図3.1　習熟度別よく利用されるクラス名

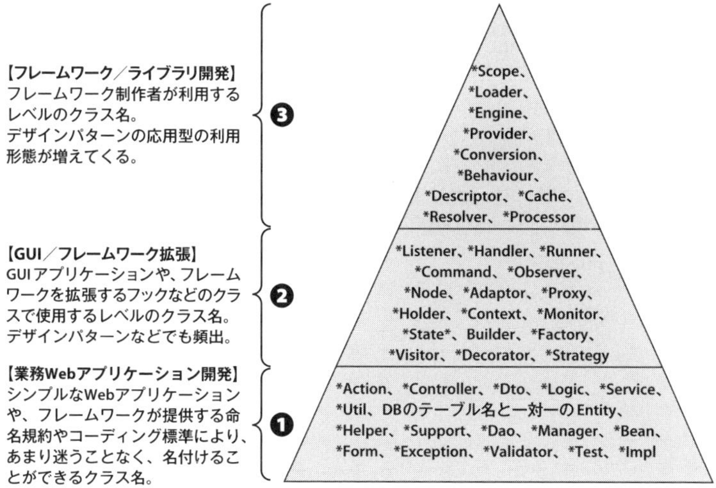

※あくまで筆者の経験上の図なので、多少偏っているかもしれません

リケーション作成者がパッケージ構成で悩まなくてもよいように考えられています。

図3.4はRSSフィードの収集やデータの加工が可能なPlaggerのパッケージ構成です。PlaggerはPerlで書かれていますが、PerlにもJavaと同じくパッケージの概念があります。Plaggerでは機能ごとにパッケージ分けされており、各Pluginなど下位のモジュールはサブパッケージにうまくまとめられています。

3.8 プロジェクト名

名前付けはプロジェクト名においても重要です。プロジェクト名をもとに、パッケージ名、データベースのスキーマ名、GitやSubversionのリポジ

図3.2 Javaのパッケージの例（Google Guice）

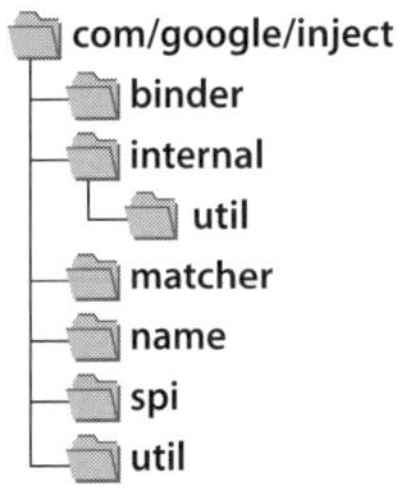

図3.3 Spring Bootを使ったWebアプリケーションの一般的なパッケージ名

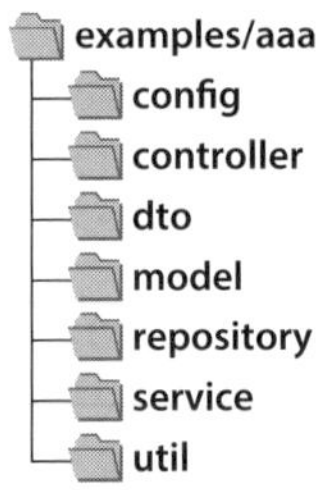

図3.4 Perlのパッケージの例（Plagger）

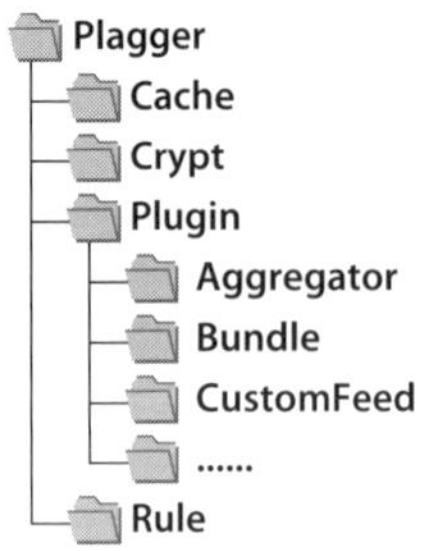

トリ名などが決まります。とりあえずでプロジェクト名を付けてしまうと、あとから変更する際にけっこう苦労します。

良いプロジェクト名を付けることによって、チームメンバーや利害関係者の間で共通認識ができあがり、プロジェクトを進めやすくなるという効果もあります。一例ですが、筆者は以前Backlog[注9]というプロジェクト管理サービスの開発に携わっていました。最初は、プロジェクト名もなく「課題管理ソフト」という味気ない名前で呼んでいました。愛着も湧かず、開発も遅々として進みませんでした。ところが、Backlog（アジャイルプロセスのスクラムでの残タスクを意味するプラクティスの名前）というシンプルでイメージの湧きやすい名前が付いてからは、サービスのコンセプトなども明確になり、開発が一気に進みました。

3.9 まとめ

最初から良い名前付けができる人はいません。良い名前に対して意識を持って取り組んでいくことが大切です。「A」という名前が良いのか、それとも「B」という名前が良いのかを慎重に検討し、適切な名前を決定するプロセスを繰り返してください。

また、自分が知らないまったく新しい概念の名前が、突然ひらめくことはめったにありません。コードリーディングやコードレビュー、誰かに相談するなどして、名前の引き出しを少しずつ増やしていくことで、ネーミングセンスが鍛えられ、良い名前付けができるようになってきます。

注9　https://www.backlog.com/

あるWebアプリケーションフレームワークでのクラス名の変遷

Column

良いクラス名によって実際にコードの理解が進んだ例として、筆者が開発に関っていたCubby[注a]を紹介します。

Cubbyはオープンソースの Webアプリケーションフレームワークです。特徴的な機能として、REST風のリクエストパスとアクションのメソッドを、アノテーションで簡単に結び付けることができるルーティング機能があります。

```
public class TodoAction extends Action {
    private Integer id;

    // パス「/todo/1」でアクセス可能
    // {id}の部分はインスタンス変数idにセットされる
    @Path("/todo/{id}");
    public ActionResult index() {
        ...
    }
}
```

表3.aに、Cubbyバージョン0.8.2とバージョン1.0.0のルーティング関連のクラス名をまとめました。バージョン0.8.2のころは、実際にCubbyを使ったアプリケーション開発をすると、名前が役割をきちんと表現できていなかったため、しっくりきませんでした。そこで、より良い名前を模索しリファクタリング[注b]した結果がバージョン1.0.0のクラス名です。同時にクラスの分割も行いました。実際の責務に合った名前に変更したことで、より理解しやすく力強いコードになりました。

Cubbyは、一発で良い名前を付けることができなかった場合でも、考え続けリファクタリングすることで改善できた良い例だと思います。

注a　Cubbyは現在開発が終了しています。実プロジェクトへの新規採用は避けてください。

注b　外からの振る舞いを変えずにコードの内部構造を整理することです。たとえば内部で使用されている変数名やメソッド名を適切なものに変更することもリファクタリングの一種です。

表3.a Cubby 0.8.2と1.0.0でのクラス名

クラスの役割	バージョン0.8.2のクラス名	バージョン1.0.0のクラス名
ルーティングを行うフィルタ	UrlRewriteFilter	RequestRoutingFilter
ルーティングを行う	PathResolver	Router
ルーティング情報	RewriteInfo	Routing
パスから対象のアクションを決定する	PathResolver	PathResolver(変更なし)
内部遷移先のアクション情報	ForwardInfo	InternalForwardInfo

第4章

スコープ

4.1 スコープを意識していますか?

本章のテーマはスコープを意識したプログラミングです。地味なテーマですが、実はプログラミングのあらゆる場面にスコープは存在し、かつ保守性に大きな影響を与えます。スコープはなんとなくで指定しがちですが、意識的にスコープをコントロールできれば、見通しが良く保守性の高いより良いコードになります。

4.2 スコープって何?

まず、スコープとはなんでしょうか。Wikipediaには次のように書いてあります。

> プログラミングにおけるスコープ(英: scope, 可視範囲)とは、ある変数や関数などの名前(識別子)を参照できる範囲のこと。通常、変数や関数が定義されたスコープの外側からは、それらの名前を用いるだけでは参照できない。このときこれらの変数や関数は「スコープ外」である、あるいは「見えない」といわれる。
>
> ——「スコープ」(Wikipedia日本語版)[注1] 2021年1月7日 02:28 (UTC)

スコープとは変数やメソッド、クラスなどが見える範囲のことです。では「見える」とはどういうことでしょうか。

「見える」とは、それらが「プログラミング上使える」ということです。変数であれば変数名を指定して値を読み書きでき、メソッドであれば呼び出して使うことができます。

「使える」ということは、言い換えるとそれらに「依存する」ということでもあります。コードを1ヵ所書き換えたいだけなのに、数十ヵ所を修正す

注1 https://ja.wikipedia.org/wiki/スコープ

る必要があったというような経験はありませんか？ 依存していると、このように変更がほかの部分に影響を与えます。

また、依存が大きいということは、デバッグ時に調べないといけない範囲が広いということを意味します。変数やメソッドが使われている／使われていないにかかわらずスコープの範囲が調査対象となるため、スコープは保守性に大きな影響を及ぼします。

スコープ＝見える範囲＝使える範囲＝依存する範囲＝保守性に影響を与える範囲

変数やメソッドのスコープを小さくすることで「見える範囲」が小さくなり、「使える範囲」も小さくなり、さらに「依存する範囲」も小さくできます。スコープを小さくすることで、より依存が小さく保守性の高いプログラムを書くことができるはずです(**図4.1**)。

4.3 スコープを小さくして覚えておくことを減らそう!

依存が小さくなること以外にも、スコープを小さくすることでうれしいことがあります。

プログラミングは本質的に複雑なものです。複雑さへの対策として、問

図4.1　**スコープと依存の関係**

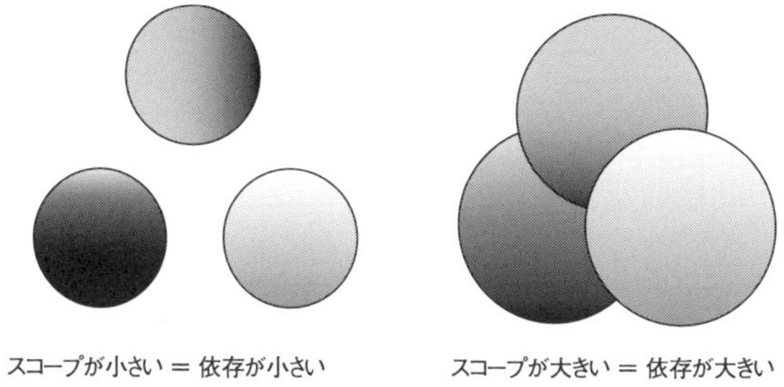

題領域をなるべく小さく、理解可能な状態で扱えるようにすることが重要になります。

スコープを意識的に小さくすることで、私たちプログラマーが覚えておかなければいけないこと、注意しなければいけない範囲は小さくなり、理解が容易にできるようになります。これがスコープを小さくすることの本質と言えます。

4.4 代表者の声

それではいつものように、各界の代表者の方々にスコープについてコメントしてもらいましょう。

●良い仕事をしたい普通のプログラマー

メソッドのprivateやpublicはもちろん知っていますよ。だけど、うまい使い分けは正直よくわかりません。達人プログラマーのコードをまねして書いているのであまり困ることはないんですが、確信を持てている感じではありません。特にJavaのpackage privateってどんな場面で使えばよいのでしょうか？

●達人プログラマーを目指す中級プログラマー

スコープを小さくは常識っすよ。とりあえずメソッドはprivateにして、必要に応じて広げていくスタイルでやっているっす。えっ、なんでスコープは小さくかって!? そ、それは達人プログラマーに聞いてください……。

●達人プログラマー

変数のスコープだけを意識すればよいというわけではないんじゃよ。メソッド、クラス、パッケージ、あらゆるところにスコープは存在するのじゃ。あらゆるところにフォースが、マトリックスがあるのと同様、スコープは空気のような存在じゃ。小さなコードに分割して、それらを組み合わせて大きなプログラムを作る。

それが理想よのう。ふぉっふぉっふぉっ。

おっと、達人プログラマーのキャラがさらに仙人がかってきましたが、本章を最後まで読んでもらえば彼が言いたかったことが伝わるはずです。それでは、変数、メソッド、クラスの順番でスコープを意識したプログラミングについて考えていきましょう。

4.5 変数のスコープ

まずは変数のスコープについてです。ローカル変数、インスタンス変数、クラス変数の順に見ていきます。

ローカル変数

ローカル変数とは、メソッド内などで宣言された一時的な変数のことです。Javaのローカル変数は、宣言された場所からスコープが始まり、宣言されたブロックが終わるとスコープが終了します。これをブロックスコープと言います。**リスト4.1**の例で言うと、変数totalはスコープが長く、変数nはスコープが短いです。ある変数への依存を最小化し、プログラムの

リスト4.1　**ローカル変数のスコープ**

```
private void execute() {
    ...
    int total = 0;                          ┐ 変数totalのスコープ開始
    ...                                     │
    ...                                     │
    for (int i = 1; i <= 10; i++) {         │
        int n = i * i;                      │  ┐ 変数nのスコープ開始
        total += n;                         │  ┘ 変数nのスコープ終了
    }                                       │
    ...                                     │
    System.out.println(total);              ┘ 変数totalのスコープ終了
}
```

変更を行いやすくするために、ローカル変数のスコープは可能な限り小さくするというのが大原則です。

もう少し具体的な例を見てみましょう。**リスト4.2**はスコープが長いローカル変数の例です。変数open/closeのスコープは❶から始まり、❸で終わります。しかし、実際にopen/closeが使用されている箇所は❷のforループブロックの部分のみです。無駄にスコープが長くなっているので、適切な長さにしてみましょう。

スコープを短く書き換えた例が**リスト4.3**です。ローカル変数open/close

リスト4.2　スコープが長すぎるローカル変数

```
public boolean isClosing(Date now) {
    Date open = null;      ❶
    Date close = null;
    ...
    for(Timetable table : tables){
        open = getDate(table.openDateString());
        close = getDate(table.openCloseString());   ❷
        if(contains(now, open, close)){
            return false;
        }
    }
    ...
    return true; ―❸
}
```

リスト4.3　スコープが短くなったローカル変数

```
public boolean isClosing(Date now) {
    ...
    for(Timetable table : tables){
        Date open = getDate(table.openDateString());     ❶
        Date close = getDate(table.openCloseString());
        if(contains(now, open, close)){
            return false;
        } ―❷
    }
    ...
    return true;
}
```

の宣言を、実際に使用する直前の❶で行っています。スコープはforループブロックの❷までになり、かなり小さくなりました。

ローカル変数のスコープが小さくなると、ローカル変数を参照できる範囲は小さくなります。つまり、そのローカル変数の影響範囲が小さくなるということです。たとえば、open/closeの名前をopenDate/closeDateに変更したり、型を変更したりしても、スコープが小さければ変更の影響は局所的で済みます。

また、処理を別メソッドへ抽出するリファクタリングを行う場合も、ローカル変数ごと別メソッドに移動できます。スコープを小さくすることで、より小さな範囲に注目すればよくなるため、リファクタリングが行いやすい状態を作り出すことができるのです。

次のガイドラインにより、ローカル変数のスコープを最小化できます。

❖変数は使用する直前で宣言する

リスト4.3のように、変数宣言はその変数を使用する直前で行うようにしましょう。JavaやC#、Rubyなどの言語では好きな場所でローカル変数を宣言できるので、本当に必要になってから宣言することでスコープを最小化できます。

なお、古いC言語ではブロックの先頭でしか変数宣言ができないという言語上の制約があるので、このテクニックが使えない場合があります。

❖メソッドに抽出する

ある程度の固まりの処理を別メソッドに抽出するリファクタリングを行うと、新しいメソッドの範囲で変数のスコープができあがります。ローカル変数ごとうまく別メソッドに移動できれば、もとの処理は変数自体を知る必要がなくなります。これにより、保守性や再利用性、可読性を高めることができます。

メソッドの抽出でローカル変数のスコープが短くなる例を、5.7節「ステップ2　共通処理をメソッドに抽出して分割する」で紹介しています。

❖イテレータの一時変数のスコープをループ内に閉じ込める

一時変数とは一時的な入れ物として利用する変数のことです。**リスト4.4**のwhileループの例では、イテレータ[注2]を保持する変数iterが一時変数にあたります。これはJavaの限定された場面でのテクニックになりますが、イテレータを利用したwhileループは**リスト4.5**のようにforループに書き換えることで、一時変数iterをループブロック内に閉じ込めることができます。

❖代入されない変数にはfinalを付ける

Javaでは変数宣言時にfinalを付けると、変数への代入ができなくなります。スコープの長さは変わらないのですが、コンパイルエラーでうっかり代入ミスを防止できます。特に長いスコープの変数やメソッドの引数で使用すると効果的です。

```
final int count = getCount();
...
...（長いコード）
...
count = getTotalCount(); // コンパイルエラーが発生
```

注2　リスト内の要素に順番にアクセスできるインタフェースのことです。

リスト4.4　whileを使ったイテレータのループ

```
Iterator iter = iterator();              ┐
while (iter.hasNext()) {                 │
    Item item = (Item)iter.next();       │ 変数iterのスコープ
    ...                                  │
}                                        │
// ここでも変数iterが参照できてしまう      ┘
...
```

リスト4.5　forを使ったイテレータのループ

```
for (Iterator iter = iterator(); iter.hasNext(); ) {  ┐ 変数iterの
    Item item = (Item)iter.next();                    │ スコープ
    ...                                               │
}                                                     ┘
// ここでは変数iterは参照できない
...
```

なおC#では、readonlyキーワードでインスタンス変数に対してfinal同様の効果を与えることができます。

```
class Person {
    readonly int age;

    public Person(int age) {
        this.age = age;
    }

    public void Advance() {
        // コンパイルエラーが発生
        this.age = this.age + 1;
    }
}
```

JavaScriptの奇妙なスコープ　Column

JavaScriptでは、バージョンによって使用できる変数のスコープが大きく変わります。ここではその特徴を見てみましょう。

ECMAScript 5th Editionまでのスコープ

Javaのローカル変数のスコープに慣れていると、ECMAScript 5th Edition[注a]までのJavaScriptのスコープはかなり奇妙に思えます。5th Editionまではブロックスコープがないのです。関数内で宣言されたローカル変数は、すべて関数の先頭で宣言されたのと同じ意味になります。**リスト4.a**は、**リスト4.b**のように書かれたのと同じです。つまり、

ローカル変数のスコープ＝所属する関数全体の範囲

ということになり、実際のスコープは非常に長くなるので注意が必要です。

書き方としてはリスト4.aのほうが明快です。少なくともプログラマーがコード上から読み取れる使用箇所がはっきりとわかるので、Javaと同じようにスコープが短く見えるように書いたほうがよいでしょう。ただし、実際のスコープはリスト4.bになることは忘れないでください。

注a　ECMAScriptはJavaScriptの標準規格で、Ecma Internationalにより標準化手続きが行われています。ECMAScript 5th EditionはJavaScriptのバージョン5です。バージョン6であるECMAScript 2015からは名称が西暦に変更になり、毎年改訂されています。

ECMAScript 2015からのスコープ

ECMAScript 2015からは、ブロックスコープを実現するlet/constキーワードが追加されています(**リスト4.c**)。変数のスコープを明確にできるので、基本的にはvarではなくlet/constキーワードを使用することをお勧めします。

リスト4.a　関数の途中で変数を宣言したコード

```
function calc() {
    var total = 0;
    for (var i = 1; i < 10; i++) {
        var n = i * i;      ] 見かけ上の変数nのスコープ
        total += n;
    }
    alert(total);
}
```

リスト4.b　リスト4.aを実際のスコープと一致するように書き換えたコード

```
function calc() {
    var total, i, n;
    total = 0;
    for (i = 1; i < 10; i++) {
        n = i * i;                  実際の変数nのスコープ
        total += n;
    }
    alert(total);
}
```

リスト4.c　let/constキーワードでブロックスコープを実現するコード

```
function calc() {
    let total = 0;
    for (let i = 1; i < 10; i++) {
        const n = i * i;    ] 変数nのスコープ
        total += n;
    }
    alert(total);
}
```

インスタンス変数

インスタンス変数とは、インスタンス(オブジェクト)ごとに保持される変数のことです。インスタンス変数のスコープは、インスタンス変数に指定されたprivate/publicなどの可視性によって決まります。Javaの場合、インスタンス変数の可視性はスコープが短い順に次の4つがあります。

- private
  オブジェクト内からのみアクセスできる
- package private
  同一パッケージからのみアクセスできる
- protected
  同一パッケージと下位クラスのオブジェクトからのみアクセスできる
- public
  ほかのオブジェクトからアクセスできる

インスタンス変数はすべてprivateが基本戦略です。インスタンス変数に外部や下位クラスのオブジェクトからアクセスしたい場合は、セッタ／ゲッタなどのアクセサメソッド(アクセス用のメソッド)を用意して公開します。

```
// インスタンス変数
private int count;

// セッタ
public void setCount(int count) {
    this.count = count;
}

// ゲッタ
public int getCount() {
    return this.count;
}
```

ただし、基本戦略が望ましいということを理解したうえで、実装効率やアクセサメソッドの冗長性を排除するために、インスタンス変数をpackage privateやprotected、publicにする場合もあります。

クラス変数

クラス変数は、クラスが保持する変数のことです。クラス変数のスコープは、ほとんどの言語でインスタンス変数と同様の可視性が指定できます。Javaの場合はインスタンス変数と同じく次の4つが指定できます。

- private
  クラス内からのみアクセスできる
- package private
  同一パッケージからのみアクセスできる
- protected
  同一パッケージと下位クラスからのみアクセスできる
- public
  ほかのクラスからアクセスできる

クラス変数もprivateが基本戦略です。外部からアクセスが必要であればpackage private、protected、publicと可視性を順に高めていきます。

publicを付けた場合、ほかの言語でのグローバル変数と同じような使い方ができます[注3]。変数への依存性を小さくするために、本当に公開が必要なもの以外はpublicにしないほうがよいでしょう。

クラス変数はfinalを付けて定数として利用する場合があります。finalを付けると外部から値を置き換えることができないため、publicとして公開しても比較的安全です。

```
public class DateUtils {
    // 1年のtime値の表す定数。書き換え不能
    public static final long TIME_1YEAR = 60 * 60 * 24 * 365;

    // 1ヵ月のtime値の表す定数。書き換え不能
    public static final long TIME_1MONTH = 60 * 60 * 24 * 30;
}
```

ただし、定数がオブジェクトの場合はfinalを付けても中身を書き換えることができるため、気を付ける必要があります。たとえば次の例では色の一覧にすべてのコードからアクセス可能で、かつ中身を変更できます。

```
public class Colors {
    public static final List<String> BASIC_COLORS =
        new ArrayList<>(Arrays.asList("blue", "red", "green"));
}
```

注3　Javaにはグローバル変数という概念はありません。

```
public class Client {
    public static void main(String[] args) {
        // ✖ 誰でも値を変更可能できてしまう
        Colors.BASIC_COLORS.add("yellow");
    }
}
```

上記の場合は値が書き換えられないリストなどを使うことで、安心してpublicで公開できます[注4]。

```
public class Colors {
    // List#ofメソッドを使って
    // 変更不可能なListを作成
    public static final List<String> BASIC_COLORS =
        List.of("blue", "red", "green"));
}

public class Client {
    public static void main(String[] args) {
        // ○ 変更しようとするとUnsupportedOperationExceptionが
        //     発生するので安全
        Colors.BASIC_COLORS.add("yellow");
    }
}
```

4.6 メソッドのスコープ

Javaではメソッドのスコープも可視性で決まります。メソッドの可視性は、インスタンス変数と同様にprivate、package private、protected、publicの4つです。privateから始めて、必要に応じて高めていきます[注5]。

注4　外部から変更が不可能なオブジェクトのことをイミュータブル(*immutable*)なオブジェクトと言います。イミュータブルなオブジェクトは可視性を高めて公開しても変更できないので安全です。逆に変更可能なオブジェクトのことをミュータブル(*mutable*)なオブジェクトと呼びます。

注5　メソッドのスコープは本書ではprivateを基本としています。「privateだと制限が強すぎて保守性が低くなるのでprotectedを基本にする」という考え方もありますが、privateであっても必要に応じてスコープを広げていけばよいので問題にはならないはずです。

インスタンスメソッド

インスタンスメソッドとは、インスタンス(オブジェクト)に結び付いて呼び出すことができるメソッドのことです。インスタンスメソッドがpublicの場合、メソッドは外に向かって公開されていて自由に呼び出せてしまいます。保守性を高めるためにも、本当に必要なものだけをpublicにします。

クラスメソッド

クラスメソッド(staticメソッド)とは、クラスが持つメソッドのことです。Javaではクラスメソッドはstaticキーワードを付けて宣言します。

クラスメソッドはインスタンス変数にアクセスできません。インスタンス変数から見ると、インスタンスメソッドをクラスメソッドに変更した場合、自分が影響を与えるメソッドが減ることになり、結果的にスコープは小さくなります。インスタンス変数にアクセスする必要がなくオーバーライドなどの必要がないメソッドは、クラスメソッドにしたほうがよい場合が多いです(**リスト4.6～4.7**)。

リスト4.6 インスタンスメソッドの場合

```
private int count;                                  ┐
...                                                 │
private String regexGroup(String regex) {           │
    // インスタンス変数にアクセス可能                  │ 変数countのスコープ
    return "(" + regex + ")";                       │
}                                                   ┘
...
```

リスト4.7 クラスメソッドに変更した場合

```
private int count;      ] 変数countのスコープ
...
private static String regexGroup(String regex) {
    // インスタンス変数にアクセス不可
    return "(" + regex + ")";
}
... ― 変数countのスコープ
```

メソッドの引数の情報量

スコープから少し話はずれますが、メソッドの引数で渡す情報量をどの程度にするのかということも、依存性という面から見ると重要です。

例を見てみましょう。以下はどちらも社員情報を取得するメソッドですが、❶は引数が社員IDで、❷は引数が社員オブジェクトです。

❶引数が社員IDの場合

```
public Employee getEmployee(Integer empId) {
    return empDao.findById(empId);
}
```

❷引数が社員オブジェクトの場合

```
public Employee getEmployee(Employee emp) {
    return empDao.findById(emp.getId());
}
```

この2つは、どちらが良いコードだと思いますか？

一般的には、❶のほうが引数の情報量が少ないので、引数に対しての依存が小さく良いコードであると言えます。❷は社員オブジェクトが持つすべての情報にアクセスできてしまうため、依存が大きくなります。

❶が依存するのは引数の社員IDのみなので、そこだけに注目してコードを書くことができます。メソッドを利用する側から見ると、社員IDだけでメソッドを利用できるのと、社員オブジェクトが常に必要なのとでは全然違います。しかも、❷のメソッド内の具体的な処理では、社員オブジェクトの社員IDのみを使って社員情報を検索しています。このことがドキュメント化されていない場合、コードを読まないとその事実はわかりません。引数に余計な情報が含まれていると、「社員IDがセットされた社員オブジェクトを渡すべし」といった暗黙的な仕様が生まれやすくなってしまいます。

このように一般的には、メソッドの引数は必要最低限の情報を持つのが依存性が低い良いコードです。ただし引数の数が多くなりすぎる場合は、引数をオブジェクトに変更したほうがよいです。目安として引数の数が5つを超えるメソッドは、引数をオブジェクトに変更することを検討するとよいでしょう。

引数が多すぎる場合

```
public void send(
        String subject, String message, String from,
        String to[], String[] cc, String[] bcc) {
    ...
}
```

引数をオブジェクトに変更した場合

```
public class Mail {
    private String subject;
    private String message;
    private String from;
    private String[] to;
    private String[] cc;
    private String[] bcc;
    // 以下アクセサメソッド
    ...
}

public void send(Mail mail) {
    ...
}
```

4.7 クラスのスコープ

Javaではクラスのスコープもprivate、package private、protected、publicの4種類です。

クラスの宣言では、publicを使用する場合が多いです。

フレームワークやライブラリを作成する場面では、package privateを使用することがときどきあります。ライブラリの利用者に知らせたくないクラスをpackage privateにすることで、あとからクラスを変更しても利用者に影響を与えないようにできます。例を見てみましょう。**図4.2**はテスティングフレームワークJUnit 5のテスト対象発見機能のパッケージ(org.junit.jupiter.engine.discovery.*)のクラス一覧[注6]です。ClassSelectorResolver、

注6 https://github.com/junit-team/junit5/tree/r5.7.0/junit-jupiter-engine/src/main/java/org/junit/jupiter/engine/discovery

MethodSelectorResolverはライブラリ利用者が知る必要のないクラスですので、package privateで定義されています。このクラスは実際には同じパッケージのDiscoverySelectorResolverからのみ利用されます。このようにpackage privateを使用することで、クラスのスコープを小さくし、ライブラリやフレームワークが外部に公開するクラスをコントロールできます。

privateは主に2つの目的で使用されます。1つ目は、インスタンスの生成をそのクラスからのみ行わせたい場合です。デザインパターンのシングルトンパターン[注7]などがこれにあたります。ただし、メインのクラス宣言はprivateにできないので、コンストラクタをprivateで宣言して、ほかのクラスからはインスタンスの生成をできないようにします。

シングルトンパターンでコンストラクタをprivateにした場合

```
public class Factory {
    // 唯一のインスタンス
    private static Factory instance = new Factory();

    // 外部からのインスタンス化禁止
    private Factory() {}

    // 外部からインスタンスを取得するメソッド
```

注7　付録Bにて、デザインパターンの参考文献を紹介しています。

図4.2　JUnit 5のテスト対象発見機能のパッケージの構成

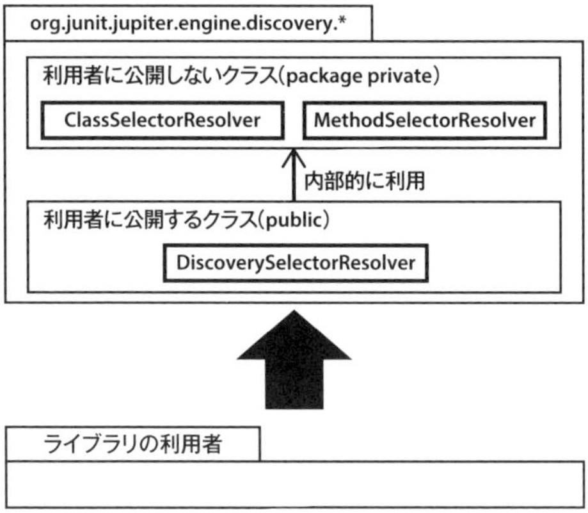

```
    public static Factory getInstance() {
        return instance;
    }
}
```

privateの2つ目の目的とprotectedの用法は、ともにインナークラスに関するものです。次項でまとめて説明します。

インナークラス

インナークラスとは、クラス内に定義されたクラスのことです。インナークラスはクラスの内部で宣言するものですので、通常はprivateで宣言します。これが、privateなクラスの2つ目の目的です。GUIアプリケーションのイベントハンドラ定義などはprivateなインナークラスで実装することが多いです。外部からインナークラスを利用したい場合は、package privateやprotected、publicにします。

なお、staticが付かないインナークラスのメソッドからは、インスタンスメソッドと同様にインスタンス変数にアクセスできます(**リスト4.8**)。

リスト4.8 **インナークラス**

```
public class LoginWindow extends Window {
    private int count = 0;
    ...
    public void init() {
        closeButton.addSelectionListener(
            new CloseButtonSelectionListener());
    }
    ...
    // インナークラスの宣言
    private class CloseButtonSelectionListener
            extends SelectionAdapter {
        @Override
        public void widgetSelected(SelectionEvent event) {
            // 外側のクラスのインスタンス変数にアクセス可能
            System.out.println(count);
        }
    }
}
```

無名クラス

無名クラスとは、その場でクラス定義を書いて利用するクラス名がないクラスのことです。匿名クラスとも呼ばれます。

無名クラスはそもそも名前が付かないため、宣言した場所でしか利用できません。これはprivateより小さいスコープになります。1ヵ所でしか使用されることがなく将来的にも再利用することがないクラスは無名クラスとして宣言することで、不測の利用を防ぐことができます。ただし可読性の面から、あえて無名クラスを使わずにインナークラスとして宣言するスタイルが好まれる場合もあります。

Javaの無名クラスのメソッドでは、外側のクラスのインスタンス変数や、final宣言されたローカル変数にアクセスできます(**リスト4.9**)。

RubyのブロックやJavaScriptの無名関数なども、無名クラスと同様に局所的な処理を記述するために利用されます。

リスト4.9　無名クラス

```
public class LoginWindow extends Window {
    private int count = 0;
    ...
    public void init() {
        final int result = 10;
        ...
        // 無名クラスの宣言と利用
        closeButton.addSelectionListener(new SelectionAdapter() {
            @Override
            public void widgetSelected(SelectionEvent event) {
                // 外側のクラスのインスタンス変数にアクセス可能
                System.out.println(count);

                // final宣言されたローカル変数にアクセス可能
                System.out.println(result);
            }
        });
    }
    ...
}
```

Rubyのブロック（Ruby/Tk）

```
TkButton.new {
  text "Close"
  command { ... }
}
```

JavaScriptの無名関数

```
document.getElementById("closeButton").onclick = (event) => {
  ...
};
```

4.8 キャストを使用した可視性の制御

オブジェクトを抽象的な型にキャスト(型変換)することで、オブジェクトで使えるメソッドを少なくできます。

リスト4.10は変数itemsがArrayListとして宣言されているため、ArrayListの内部のサイズを大きくするensureCapacityメソッドを呼び出すことができます。

それに対して**リスト4.11**では、生成されたArrayListのインスタンスはキャストされ、Listインタフェースのオブジェクトとして変数itemsに保持されます。そのためArrayList固有のensureCapacityメソッドはコンパイルエラーが発生して呼び出すことができません。

一見すると、リスト4.10のほうがより多くのメソッドが呼び出せるので便利な気もします。しかし、不要なメソッドは見えないほうがよいのです。リスト4.11のようにインタフェースのような抽象的な型にキャストするこ

リスト4.10 変数が具体的なクラスの場合

```
ArrayList<Item> items = new ArrayList<Item>();
items.ensureCapacity(100); // ArrayListのメソッドを呼び出し
```

リスト4.11 変数がインタフェースの場合

```
List<Item> items = new ArrayList<Item>();
items.ensureCapacity(100); // コンパイルエラー
```

とで、メソッドの一覧にマスクをかけて不要なメソッドを隠すことができます。これにより、可視性を低くするとともに、既存のコードを変更することなく同じインタフェースや親クラスから派生した別の型のオブジェクトに変更できるようになります。

JavaのArrayListの継承関係とpublicメソッドの数を**図4.3**にまとめました。ArrayListのpublicメソッドは48個もありますが、Collectionなら22個です。もしもCollectionインタフェースのメソッドしか呼ばないのであれば、リスト4.11のListよりもCollectionで宣言したほうが、よりオブジェクトで使えるメソッドを少なくできます。

このように、インタフェースには柔軟性を高める機能のほかに、オブジェクトに制限を加えて可視性を低くするという側面があるのです。

4.9 より大きな粒度のスコープ

本章で紹介した変数やメソッド、クラスなどのスコープは、小さな粒度のスコープです。より大きな粒度のスコープとしては、デザインパターンなどのコンポーネントレベルからシステム全体のアーキテクチャレベルまでさまざまな粒度のものがあります。小さな粒度のスコープの概念は大きな粒度のスコープでも有効です。基本は「スコープ＝見える範囲＝使える範囲＝依存する範囲＝保守性に影響を与える範囲」となります(**図4.4**)。

図4.3 ArrayListの継承関係

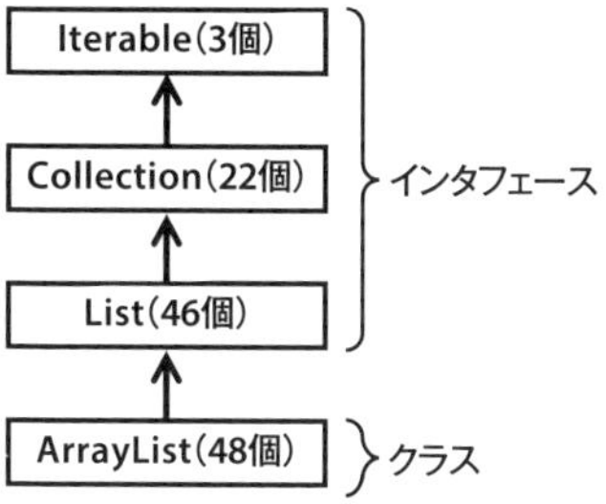

※カッコ内はpublicメソッドの数

4.10 まとめ

本章ではスコープを意識したプログラミングについてを紹介しました。普段何気なく宣言している変数のスコープや、private/publicなどの可視性を意識してプログラミングできるようになると、コードの見え方も変わってくることでしょう。

どうじゃ。あらゆるところにスコープは存在することがわかったかな。ふぉっふぉっふぉっ。

図4.4 粒度が違ってもスコープの考え方は同じ

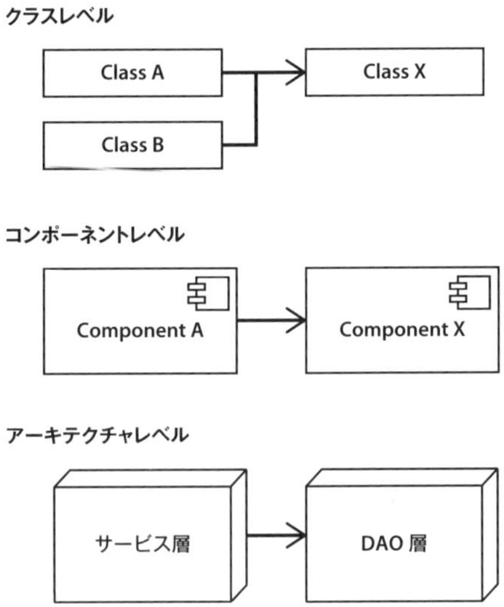

第5章

コードの分割

5.1 適切な長さにコードを分割する

5,000行を超えるメソッド……。そんなプログラムの保守を頼まれて、途方に暮れたことはありませんか？[注1] 逆にメソッドは細かく分割されているのだけど、細かすぎて流れがさっぱりわからないコードを見たことはありませんか？

本書のテーマは良いコードです。良いコードは適切な長さである必要があります。そのためには長すぎるコードを分割する作業が必要です。本章では、そんなコード分割のポイントについて解説します。

5.2 なぜコードを分割するのか

コードを分割すると何がうれしいのでしょうか。たとえば次のメリットがあります。

可読性が向上する

5,000行のメソッドの話が出ましたが、筆者の経験ではメソッドのサイズが100行を超えると処理の流れを読み解くのが難しくなってきます。逆に30行以下であれば内容を理解するのは容易です[注2]。

保守性が向上する

分割により変数のスコープが短くなったり、本来あるべきクラスやメソッドに処理が移動したりすることで、依存関係が整理され、保守性が向上します。

注1　筆者は1クラス30,000行もあり、開くとエディタが落ちるコードを見たことがあります……。

注2　ここでのポイントは適切なコード分割により可読性が高まるという点です。むやみに分割して、処理があっちこっちに飛んで逆にわかりにくくなっているコードも見かけます。その場合は分割の単位や対象を間違えている可能性が高いです。

再利用性が向上する

コードを分割するとコードの重複が減り、再利用可能な部品としてのメソッドやクラスを作ることができます。これはよく言われるメリットですが、本章ではあまり深くは立ち入りません。再利用可能な部品の作り方は第12章を参照してください。

5.3 代表者の声

それでは、まずは毎回恒例、各界の代表者の方々にコードの分割についてコメントしてもらいましょう。

●良い仕事をしたい普通のプログラマー

プロジェクトの規約で決められている以外のクラスはあまり作ったことがないんですよ。アクション、サービス、DAOを作ってそれで終わり。それ以外のクラスを作れって言われても困ります。繰り返し現れる処理を別メソッドにくくり出すことはできるのですが……。クラス抽出の良い指針があればいいんですけどね。

●達人プログラマーを目指す中級プログラマー

メソッドやクラスを細かく分割すること、これ常識。特に「1メソッドの長さは1画面以内」という決まりをしっかり守っているっす。……でも、俺のディスプレイは30インチの巨大モニタっていうのは内緒ですよ^_^;

●達人プログラマー

コードの分割は1日にしてならず。適切な長さを求めて何度もリファクタリングしていくうちに、さじ加減がつかめてくるはずじゃ。「コードの長さ」だけにとらわれることなく、「読みやすさ」「理解しやすさ」を意識することが重要じゃぞ。ふぉっふぉっふぉっ。

おそらく、普通のプログラマーの意見に共感を覚える人も多いと思います。もしあなたがそうならば、本章はあなたのためのものです。ぜひ「処理を自由に分割できる世界」へ踏み出してみてください。それでは、処理の分割について考えを深めていきましょう。

5.4 2つの方向からの分割

さっそくコードを分割していきましょう！……でもちょっとだけ待ってください。あと1点だけ。コードの分割のプロセスには、大きく分けて2種類あります。トップダウン方式とボトムアップ方式です。

トップダウン方式

トップダウン方式では、まず必要なクラスやメソッドを洗い出して分割し、そのあと実装を行います。洗い出しはUML（*Unified Modeling Language*、統一モデリング言語）やホワイトボードを使ってクラス設計したり、テスト駆動開発（*Test Driven Development, TDD*）のように「クラスの使われ方」から洗い出したりします[注3]。乱暴に言うと「俺にとって都合の良い、こんなクラスがあったら便利だな」といった具合に、「俺視点」でクラスを創造する方式です。筆者は「神の気分でプログラミング」と呼んでいます。

あるプログラマーの頭の中での神々のつぶやきを聞いてみましょう。

これからメール送信を行うクラスを創造するぞ。必要なのはメールを送信するMailSenderクラスだ。必要なメソッドは、そうだな、メール本文のテンプレートデータ、メールアドレス、パラメータの3つを受け取ってメールを送信するsendメソッドがあればよいだろう。

```
MailSender sender = new MailSender();
Map<String,String> params = new HashMap<String,String>();
```

注3　正確にはテスト駆動開発はリファクタリングやインクリメンタルな手法からボトムアップ的な側面も強いです。ここでは「使い方から考える」という面に着目してトップダウン方式に分類しています。

```
params.put("name", "太郎");
sender.send("${name}さん、お買い得な情報です。",
    "user@example.com", params);
```

SMTP(*Simple Mail Transfer Protocol*)サーバのホスト名やポートの指定は必要ないのか？

実はもう一つコンストラクタが用意されておるのだ。これでどうだ。

```
MailSender sender = new MailSender("localhost", 25);
```

そうきたか。だがCCやBCCが追加されるとどうなる？

実はMailクラスを用意して引数オブジェクトにするつもりだったのだ(汗)。これでどうだ。

```
Mail mail = new Mail();
mail.addTo("user1@example.com");
mail.addCc("user2@example.com");
mail.addBcc("user3@example.com");
mail.setBody("${name}さん、お買い得な情報です。");
mail.addParam("name", "太郎");
sender.send(mail);
```

「神々の設計」の結果、MailSenderクラス、Mailクラスの外部インタフェースが決定しました。

トップダウン方式ではこのように、「使い方」=「インタフェース」から考えて、クラス分割された設計図を作成します。トップダウン方式は設計の書籍などでもよく取り上げられますし、いわゆるクラス設計という作業はこちらの方式そのものです。トップダウン方式は行き当たりばったりではないので、インタフェースや分割の単位は比較的きれいに整理されることが多いです。

問題は、「トップダウン方式は思ったより難しい」という点です。トップダウン方式を行うためには、ある程度のプログラミング経験やクラス設計の力が必要になります。コードを何手か先まで読める状態でないと神の気分になることは難しく、「何を書いてよいかわからない」ということになりかねません。また、事前の予測が外れると大きなダメージを受けることがあります。

YAGNI（*You Aren't Going to Need It*、どうせいらないって）という言葉があります。これは、将来ばかりを考えすぎても予想は外れることが多いので、今必要なことだけをシンプルにやっていきましょう、という考え方です。YAGNIの精神からするとトップダウン方式は「将来を考えすぎている」ので、シンプルではないということになります。

ボトムアップ方式

ボトムアップ方式はあとから分割する方式です。とりあえずベタに書いてみて、そのあとリファクタリングで分割していきます。

先ほどのメール送信の例を、今度は普通のプログラマーにやってもらいましょう。

まずはメール送信を行う処理を書いてみよう。「Java メール送信」でググったものをコピって、貼り付けて……。おっとさすがに変数名とかは読みやすく変えておかないと怒られるかな。

```
String template = "${name}さん、お買い得な情報です。";
String to = "user@example.com";
Map<String,String> params = new HashMap<String,String>();
params.put("name", "太郎")
...
...（テンプレートの置換処理）
...
// メール送信処理
MimeMessage msg = new MimeMessage(session);
...
// メール送信
Transport.send(msg);
```

できました!!

アドレスなどが変わっても共通で使えるように、メール送信処理をメソッドに抽出するのじゃ。

分割してみました!!

```
String template = "${name}さん、お買い得な情報です。";
String to = "user@example.com";
Map<String,String> params = new HashMap<String,String>();
params.put("name", "太郎")
send(template, to, params);
...
// 抽出されたメール送信メソッド
private void send(String template, String to,
    Map<String,String> params) {
    ...
    ...（テンプレートの置換処理）
    ...
    // メール送信処理
    MimeMessage msg = new MimeMessage(session);
    ...
    // メール送信
    Transport.send(msg);
    ...
}
```

ボトムアップ方式は、先に実装コードを書いて、動くようになった時点で分割していきます。この方式は分割を簡単に実現できますので、初心者の人にはまずはこちらがお勧めです[注4]。また、トップダウン方式と比べて最低限のシンプルなインタフェースになる傾向があります[注5]。

実際には、トップダウン方式とボトムアップ方式を組み合わせてコードの分割・整理を行うことが多いです。けっして対立する概念ではありませんので、うまく使い分けて相互補完することがポイントです。

注4　最近はIntelliJ IDEAやEclipseなどの統合開発環境で、簡単にリファクタリングができます。
注5　最低限のインタフェースができあがるのはテスト駆動開発でも同じです。

5.5 お題　クライアントにXMLを返すWeb APIの処理を分割する

それではいよいよコード分割の過程を見ていきましょう。ここではボトムアップ方式でコードを分割していきます。

例で使用するコードは、クライアントにXMLを返すWeb APIです。Web APIと言っても、組織情報とユーザー情報の一覧をXML形式で返すだけの単純なものです（**リスト5.1**）。1ヵ所だけ特殊な仕様として、組織(division)要素とユーザー(user)要素の両方を通した連番を、index属性としてセッ

リスト5.1　生成するXML

```
<?xml version="1.0" encoding="UTF-8"?>
<data>
  <divisions>
    <division index="1">
      <id>1001</id>
      <name>div1</name>
    </division>
    <division index="2">
      <id>1002</id>
      <name>div2</name>
    </division>
    ...
    <division index="11">
      <id>1011</id>
      <name>div11</name>
    </division>
  </divisions>
  <users>
    <user index="12">
      <name>user1</name>
    </user>
    <user index="13">
      <name>user2</name>
    </user>
    ...
  </users>
</data>
```

トしています(リスト5.1の太字部分)。

5.6 ステップ1　ベタなコードで書いてみる

まずベタに処理を実装してみます。完成したクラス図は**図5.1**、コードは**リスト5.2**です。処理の流れを簡単に説明します。

❶でXMLを作成する準備としてDocumentオブジェクトを作成しています。JavaではDOM(*Document Object Model*)[注6]のDocumentオブジェクトを使用してXMLの要素を組み立てます[注7]。❷でルート要素の「data」を追加し、❸❺のブロックで組織のリスト、ユーザーのリストをもとに1件ずつ組織

注6　W3C(*World Wide Web Consortium*)から勧告されている標準的なXML操作用のAPIです。

注7　WebフレームワークにはDOM APIを直接使用せずにオブジェクトをXMLに変換できるしくみが備わっている場合も多いですが、ここではコードの分割の説明のためにDOM APIをあえて使用しています。

図5.1　ステップ1のクラス図

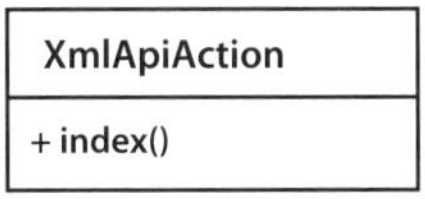

リスト5.2　ベタなコード

```
@Controller
public class XmlApiController {
    public UserService userService;
    @RequestMapping(value="/api/", method=RequestMethod.GET)
    public void index(HttpServletResponse response) throws Exception {
        List<Division> divs = userService.getDivisions();
        List<User> users = userService.getUsers();
        int rowIndex = 1;

        // ❶XMLを作成するためにDocumentオブジェクトを準備
        DocumentBuilderFactory factory =
            DocumentBuilderFactory.newInstance();
        DocumentBuilder builder = factory.newDocumentBuilder();
        Document doc = builder.newDocument();

        // ❷ルート要素の追加
```

```
        Element rootNode = doc.createElement("data");
        doc.appendChild(rootNode);

        // ❸組織要素の追加
        Element divisionsNode = doc.createElement("divisions");
        for (Division div: divs) {
            Element node = doc.createElement("division");
            node.setAttribute("index", String.valueOf(rowIndex++));
            Element idNode = doc.createElement("id");    ┐ ❹idNodeが使用
            idNode.setTextContent(div.getId());           │  される範囲
            node.appendChild(idNode);                     ┘
            Element nameNode = doc.createElement("name");
            nameNode.setTextContent(div.getName());
            node.appendChild(nameNode);
            divisionsNode.appendChild(node);
        }
        rootNode.appendChild(divisionsNode);

        // ❺ユーザー要素の追加
        Element usersNode = doc.createElement("users");
        for (User user : users) {
            Element node = doc.createElement("user");
            node.setAttribute("index", String.valueOf(rowIndex++));
            Element nameNode = doc.createElement("name");
            nameNode.setTextContent(user.getName());
            node.appendChild(nameNode);
            usersNode.appendChild(node);
        }
        rootNode.appendChild(usersNode);

        // ❻DocumentオブジェクトをXML文字列へ変換
        TransformerFactory transFactory =
            TransformerFactory.newInstance();
        Transformer transformer = transFactory.newTransformer();
        DOMSource source = new DOMSource(doc);

        // ❼レスポンスとしてXMLを出力
        StreamResult result =
            new StreamResult(response.getOutputStream());
        transformer.transform(source, result);
    }
}
```

要素、ユーザー要素を追加しています。作成したXMLを❻❼でXMLの文字列に変換して出力しています。

比較的単純な処理なのでこれでも問題なさそうですが、次の点は改善の余地があります[注8]。

- 要素を作成する部分など共通的な処理をメソッドに抽出することで、可読性が高まる部分がある
- 一部でしか使用していないのにスコープが長い変数(factory、builder、rootNodeなど)が存在する
- 1メソッドのコードが長いため、処理の流れや全体像を把握しにくい

それでは、ステップ2以降でこのあたりを改善していきます。

5.7 ステップ2 共通処理をメソッドに抽出して分割する

まずは共通的に使用されている処理を別メソッドに抽出しましょう。リスト5.2の太字の箇所に、「Elementの生成→要素の中身をセット」するコードが3ヵ所出てきます。

ここで前章で紹介した変数のスコープに着目してみましょう。変数idNodeが使用される範囲はnode.appendChildで追加されるまでのたった3行だけです(❹)。idNodeの生成を別メソッドに抽出すれば、idNode変数自体をなくしてしまうことができそうです。

```
node.appendChild(createElement(doc));
...
// 引数に組織情報が含まれているので汎用的ではない！
private Element createElement(
    Document doc, Division div) {
    Element idNode = doc.createElement("id");
    idNode.setTextContent(div.getId());
    return idNode;
}
```

注8　実際問題、この例ぐらいのコードであれば分割しなくても問題ありません。限られた紙面での説明の都合上、あえて分割を強調して説明しています。

とりあえず単純に「id要素を作成する処理」を抽出すると上記のようになります。IntelliJ IDEAやEclipseでリスト5.2❹の1行目と2行目を選択して、メソッドの抽出を機械的に行った場合はこのような結果になるはずです。一時変数のidNodeを別メソッドに移動したので、呼び出し元で無駄な一時変数が一掃できています。

ただし、このままだと「id要素にdiv.getIdの値をセットする」という決め打ちの処理になってしまいます。しかも引数にDivisionを渡しているので、組織要素専用のメソッドになります。ですので共通的に使えるように、「呼び出しごとに変更したい部分」をメソッドの引数で渡すことにします。このメソッドでは「要素名」「要素の内容」を呼び出しごとに変更したいので、これらを引数で渡すようにします。完成したクラス図は**図5.2**、コードは**リスト5.3**のようになります。太字の部分はメソッド呼び出しに変更され、重複もなくなってすっきりしたコードになりました。

リスト5.3では、Documentを生成している箇所も❶❷で同様にメソッド抽出を行い、ローカル変数factory、builderを呼び出し元からなくすことで、コードを読みやすくしています。

このように「何かを生成する」処理は、「生成に必要な情報を引数で渡して別メソッドにする」ことでコードの可読性を高め、生成時に使用するローカル変数のスコープをメソッド内に収まるように小さくできます。

考察　どこまで共通化を行えばいいの？

リスト5.3を見て、「node.appendChildもcreateElementメソッドに移動して、『要素を親要素へ追加する処理』も共通化したほうがいいんじゃないかな？」と思った人もいるかもしれません。もしそのように修正すると、次

図5.2　**ステップ2のクラス図**

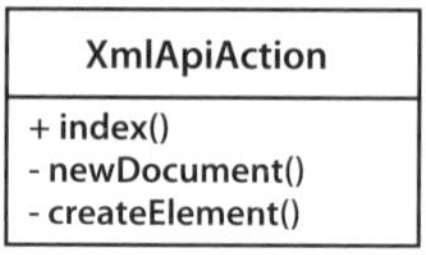

のコードになります。

```
createElement(doc, "id", div.getId(), node);
...
private void createElement(
```

リスト5.3　共通処理をメソッドに抽出

```
...
public void index(HttpServletResponse response) throws Exception {
    ...
    int rowIndex = 1;
    Document doc = newDocument(); ──❶
    Element rootNode = doc.createElement("data");
    doc.appendChild(rootNode);
    Element divisionsNode = doc.createElement("divisions");
    for (Division div: divs) {
        Element node = doc.createElement("division");
        node.setAttribute("index", String.valueOf(rowIndex++));
        node.appendChild(createElement(doc, "id", div.getId()));
        node.appendChild(createElement(doc, "name", div.getName()));
        divisionsNode.appendChild(node);
    }
    rootNode.appendChild(divisionsNode);
    ...
}

private Document newDocument() throws ParserConfigurationException { ┐
    DocumentBuilderFactory factory =                                  │
        DocumentBuilderFactory.newInstance();                         │ ❷
    DocumentBuilder builder = factory.newDocumentBuilder();           │
    return builder.newDocument();                                     │
}                                                                     ┘

// 引数に特定の情報が含まれていないので汎用的！
private Element createElement(
        Document doc, String nodeName, String textContent) {
    Element node = doc.createElement(nodeName);
    node.setTextContent(textContent);
    return node;
}
...
```

```
        Document doc, String nodeName,
        String textContent, Element parent) {
    Element node = doc.createElement(nodeName);
    node.setTextContent(textContent);
    parent.appendChild(node); // 外部の状態を変更!!
}
```

親要素(parent)を引数に追加して、createElementメソッドで要素の追加を行っています。リスト5.3とどちらがよいのでしょうか。

リスト5.3のcreateElementメソッドは「要素を生成するだけ」で、何かの「状態」を変更したりはしません。つまりメソッドを何度呼び出しても「外部に対して副作用がない」シンプルなメソッドになっています。

それに対して変更後のコードのように「要素を親要素へ追加する処理」をcreateElementメソッドで行うと、引数で渡される親要素の「状態」を変更してしまうため、「外部に対して副作用がある」メソッドになります。副作用があるメソッドは「何が変更されるのか」を意識して適切に呼び出す必要があります。

今回の例ならどちらでもあまり問題はないのですが、引数やインスタンス変数の状態を変更するメソッドは副作用があるということを頭に入れておいてください。副作用があるメソッドはテストが難しかったり再利用しにくかったりする場合が多いので、極力ないほうが望ましいです。ただし、副作用があることをわかったうえで、コードを簡潔にするために副作用があるメソッドを作成することもあります。

5.8 ステップ3　処理単位で分割する

次に、処理全体の流れをわかりやすくするためにメソッドの分割を行います。indexメソッドの処理は大きく3つに分かれています。

- 処理1：XML用の組織、ユーザーデータを取得
- 処理2：XMLの作成
- 処理3：XMLの出力

このうち処理2は「Documentオブジェクトの構築」、処理3は「Documentオ

ブジェクトをXMLに出力」という別メソッドに分けることができそうです。何を行う処理かわかりやすいように、メソッド名はそれぞれbuildDocument、writeDocumentにします。変更後のクラス図は**図5.3**、コードは**リスト5.4**になります。indexメソッドは、たったの4行になりました。

このように「制御構造(処理の流れ)」(indexメソッド)と「処理」(buildDocument/writeDocumentメソッド)を分割することで、処理全体の流れが明確になります。また、メソッド名が処理の内容を表しているので説明的なコードになり、コメントなしでコードの意味がわかます。

考察　制御構造と処理の分け方

制御構造と処理を分ける場合によくあるパターンを紹介します。

❖ループと、ループの中の処理

ループの中では、リストや配列の中の要素を1件ずつ処理することが多いと思います。この場合、「ループの制御構造」と「1件の要素を処理するメソッド」に分割できます。1件の要素を処理するメソッドはループ以外からも利用できるので、再利用性も高まります。

分割前

```
for (Item item : items) {
    if (item.isNotEmpty()) {
        ...
        ... (長いコード)
        ...
    }
}
```

図5.3　ステップ3のクラス図

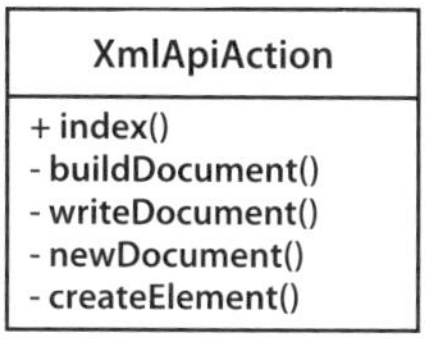

リスト5.4 処理単位で分割

```
...
public void index(HttpServletResponse response) throws Exception {
    List<Division> divs = userService.getDivisions();
    List<User> users = userService.getUsers();
    Document doc = buildDocument(divs, users);
    writeDocument(doc, response);
    return new Direct();
}

private Document buildDocument(List<Division> divs, List<User> users)
        throws ParserConfigurationException {
    int rowIndex = 1; ―❶
    Document doc = newDocument();
    Element rootNode = doc.createElement("data");
    doc.appendChild(rootNode);
    Element divisionsNode = doc.createElement("divisions");
    for (Division div: divs) {
        Element node = doc.createElement("division");
        node.setAttribute("index", String.valueOf(rowIndex++)); ―❷
        ...
    }
    rootNode.appendChild(divisionsNode);
    Element usersNode = doc.createElement("users");
    for (User user: users) {
        Element node = doc.createElement("division");
        node.setAttribute("index", String.valueOf(rowIndex++)); ―❸
        ...
    }
    rootNode.appendChild(usersNode);
    ...
}

private void writeDocument(Document doc, HttpServletResponse response)
        throws Exception {
    TransformerFactory transFactory =
        TransformerFactory.newInstance();
    Transformer transformer = transFactory.newTransformer();
    DOMSource source = new DOMSource(doc);
    ...
}
...
```

分割後

```
for (Item item : items) {
    process(item);
}

private void process(Item item) {
    if (!item.isNotEmpty()) { return; }
    ...
    ... (長いコード)
    ...
}
// ループ以外からも利用可能！
process(getLastItem());
```

❖if文と、その中の処理

if文の中の長い処理を別メソッドに分割することで、説明的かつ明確なコードになります。次のコードにはあえてコメントを付けていますが、コメントがなくても十分わかりやすいコードではないでしょうか。

```
if (cart.isEmpty()) {
    // カートが空ならエラー
    loggingError(cart);
} else {
    // それ以外なら精算
    checkout(cart);
}
```

❖try〜catch〜finallyと、その中の処理

例外処理では制御構造と処理を分割することで、処理の流れが明確なコードを書くことができます。

次のコードはJUnit 4.8.2のTestCase#runBareメソッド[注9]の抜粋です[注10]。

```
setUp();
try {
    runTest();
```

注9　https://github.com/junit-team/junit4/blob/r4.8.2/src/main/java/junit/framework/TestCase.java#L130-L146

注10　執筆時点の最新版であるJUnit 5.7.0では、ここで紹介しているコードは使用されていません。例としてわかりやすいため、旧バージョンのコードで説明しています。

```
} catch (Throwable running) {
    exception= running;
} finally {
    try {
        tearDown();
    } catch (Throwable tearingDown) {
        if (exception == null) exception = tearingDown;
    }
}
```

制御構造のtry〜catch〜finallyと、処理のsetUp、runTest、tearDownが分かれていて、処理の流れがわかりやすくたいへん読みやすいコードになっています注11。例外キャッチ時の変数名(running、tearingDown)も、どの状態で発生した例外か一目でわかる名前になっていて見どころです。

5.9 ステップ4　状態を持つ処理をクラスに抽出して分割する

それではいよいよクラスの分割です。

まず、一時変数のrowIndexに注目します。先のリスト5.4のbuildDocumentメソッドを見ると、rowIndexは❶で宣言されて、❷❸のループの中でインクリメントされながら使われています。変数が使用されている範囲はbuildDocumentメソッドの全体に渡っていて、その間XMLを生成するときに必要な現在行の状態を保持しています。

このように長い範囲で使用されるローカル変数があると、リファクタリングが行いにくくなるという問題があります。たとえば、組織要素、ユーザー要素の追加を別メソッドにする場合、それぞれのメソッドでの行の増分をrowIndexに足したり、現在のrowIndexを渡したりする必要があります。つまり、メソッド呼び出し、戻り値の返却の際に「状態を引き継ぐ」必要が出てくるのです。

このような「状態を表すローカル変数」は、まずその処理自体をクラスに

注11　このコードが別メソッドに分割されているもともとの目的は、下位クラスでそれぞれのメソッドをオーバーライドできるようにするためです。ここでは制御構造と処理が分離されたコードの良い例として取り上げています。このように制御構造と処理のメソッドを分けて、変更したい処理だけを下位クラスでオーバーライドするデザインパターンを「テンプレートメソッド」と言います。

抽出します。次に「状態を表すローカル変数」をインスタンス変数に移動することで、メソッド間の状態の引き継ぎを一掃でき、あとのリファクタリングが行いやすくなります。

抽出と移動の結果は**図5.4**、**リスト5.5**です。XmlBuilderという名前のクラスを作成してnewして使用しています(❶)。rowIndexはXmlBuilderクラ

図5.4　ステップ4のクラス図

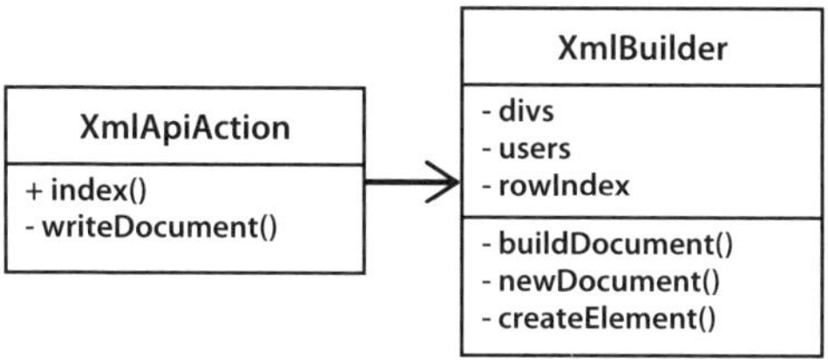

リスト5.5　クラスの抽出による分割

```
@Controller
public class XmlApiController {
    ...
    @RequestMapping(value="/api/", method=RequestMethod.GET)
    public void index(HttpServletResponse response) throws Exception {
        List<Division> divs = diviisonService.getDivisions();
        List<User> users = userService.getUsers();
        // XmlBuilderをnewして使用する
        XmlBuilder builder = new XmlBuilder(divs, users); ——❶
        Document doc = builder.buildDocument();
        writeDocument(doc);
    }

    private void writeDocument(Document doc) {
        ...
    }

    // インナークラスで宣言!
    private static class XmlBuilder {
        private final List<Division> divs;
        private final List<User> users;
        private int rowIndex = 1; ——❷
```

```
        public XmlBuilder(List<Division> divs, List<User> users) {
            this.divs = divs;                                          ❸
            this.users = users;
        }

        public Document buildDocument() throws Exception {
            Document doc = newDocument();
            Element rootNode = doc.createElement("data");
            doc.appendChild(rootNode);
            rootNode.appendChild(createDivisionsNode(doc));
            rootNode.appendChild(createUsersNode(doc));
            return doc;
        }

        private Element createDivisionsNode(Document doc) {
            Element divisionsNode = doc.createElement("divisions");
            for (Division div : divs) {
                Element node = doc.createElement("division");
                node.setAttribute("index",                              ❹
                    String.valueOf(rowIndex++));
                ...
            }
            return divisionsNode;
        }

        private Element createUsersNode(Document doc) {
            Element usersNode = doc.createElement("users");
            for (User user : users) {
                Element node = doc.createElement("user");
                node.setAttribute("index",                              ❺
                    String.valueOf(rowIndex++));
                ...
            }
            return usersNode;
        }

        private Element createElement(
            Document doc, String nodeName,String textContent) {
            ...
        }
    }
...
}
```

スのインスタンス変数に移動しています(❷)。createDivisionsNodeメソッド(❹)、createUsersNodeメソッド(❺)で組織、ユーザーの要素を作成していますが、rowIndexがインスタンス変数となっているのでこのリファクタリングが可能になりました。引数でrowIndexを渡したり、増分を戻したりする必要はありません。そのほかのXmlBuilderが使用するメソッドはXmlBuilderクラスに移動しています。

最終的にすべての変数のスコープとメソッドが「本当にその変数が必要な範囲」と一致するようにリファクタリングされて整理されました。変数やメソッドが必要な範囲は明確になり、保守が行いやすい状態になっています。

考察　インナークラスとして実装しているのはなぜ?

クラス内にクラスを宣言するインナークラスは、使い出すとかなり便利です。今回の例のように特定の場所だけで使用される処理のインナークラスによる実装には、次のメリットがあります。

❖実際に使用される箇所のすぐ近くにクラスがあるのでわかりやすい

可視性をprivateにすることで、ほかのクラスから利用させないようにできます。ただしprivateなクラスだとテストが書きにくい場合、package privateにすることもあります。

❖もとのクラスとの依存関係をstaticで制御できる

staticなインナークラスにすると、もとのクラスのインスタンス変数にはアクセスできませんが、そのぶん依存が小さいクラスになります。staticを外すともとのクラスのインスタンス変数にアクセスできます[注12]。ケースバイケースで使い分けるとよいでしょう。

❖新しいファイルを増やさなくてよい

初心者のころは、新しいクラスを作成するのは勇気がいります。特に新

注12　4.7節「クラスのスコープ」のインナークラスも参照してください。

しいファイルを増やすことは、「リーダーに怒られるんじゃないか」と心配になる人もいると思います。インナークラスなら新しいファイルを増やす必要がないので、気軽にクラスを作れます。本来はインナークラスか否かは技術的な判断で決定されるべきです。しかし人がプログラミングをする以上、このような心理的なメリットは十分大きいと筆者は考えます。

●●●●●●●●●●●●●●

まとめると、外部向けにクラスを作るほどおおげさではないけど、状態を保持する自分都合のクラスを作りたくなったら、インナークラスがお勧めです。

考察　必要なデータをコンストラクタで渡しているのはなぜ？

リスト5.5❸のXmlBuilderのコンストラクタは、組織とユーザー情報のリストが引数になっています。これは、XmlBuilderからdivisionService、userServiceへの依存をなくし、テストのしやすさを高めることが目的です。このようにしておけば、テスト用の組織とユーザーのリストをコンストラクタで渡すことで、簡単にXmlBuilderをテストできます。staticなクラスとして宣言することで、XmlBulilderからXmlApiControllerのインスタンス変数であるdivisionService、userServiceへアクセスできなくなり、XmlApiControllerへの依存性が低くなります。

考察　インスタンス変数として保持したほうがよいものは何？

クラスを抽出した際にインスタンス変数として保持したほうがよいものとしては、フラグや状態を表す変数、複数のインスタンスメソッドで使用するデータ、いくつかの値をセットで扱う必要がある変数などがあります。今回のXmlBuilderの例では、rowIndexインスタンス変数が状態を表す変数として、divsとusersがインスタンスメソッドで使用するデータとして、それぞれインスタンス変数として定義しています。

考察　さらにリファクタリングしてみる

ここからの発展系としては、ローカル変数docをインスタンス変数に移動して、メソッドの引数からdocをなくすこともできます。docをインスタンス変数に移動したコードは**リスト5.6**です。

まずXmlBuilderのインスタンス変数としてdocを追加し(❶)、生成したDocumentオブジェクトを保持するようにします(❷)。Documentオブジェクトはインスタンス変数として参照できるようになったので❸❹❺のメソッド引数からDocumentオブジェクトがなくなり、よりシンプルで読みやすいコードになりました。

リスト5.6　ローカル変数docをインスタンス変数に移動

```
@Controller
public class XmlApiController {
    ...
    private static class XmlBuilder {
        ...
        private Document doc; ―❶
        ...
        private Document buildDocument() throws Exception {
            doc = newDocument(); ―❷
            Element rootNode = doc.createElement("data");
            doc.appendChild(rootNode);
            rootNode.appendChild(createDivisionsNode());
            rootNode.appendChild(createUsersNode());
            return doc;
        }

        private Element createDivisionsNode() { ―❸
            Element divisionsNode = doc.createElement("divisions");
            for (Division div : divs) {
                Element node = doc.createElement("division");
                node.setAttribute("index", String.valueOf(rowIndex++));
                node.appendChild(createElement("id", div.getId()));
                node.appendChild(
                    createElement("name", div.getName()));
                divisionsNode.appendChild(node);
            }
```

```
            return divisionsNode;
        }

        private Element createUsersNode() { ――❹
            Element usersNode = doc.createElement("users");
            for (User user : users) {
                Element node = doc.createElement("user");
                node.setAttribute("index", String.valueOf(rowIndex++));
                node.appendChild(
                    createElement("name", user.getName()));
                usersNode.appendChild(node);
            }
            return usersNode;
        }
        ...
        private Element createElement(                  ┐
            String nodeName, String textContent) {      ┘❺
            Element node = doc.createElement(nodeName);
            node.setTextContent(textContent);
            return node;
        }
    }
}
```

5.10 まとめ

本章では処理の分割について考えました。メソッド分割やクラス分割に完ぺきな答えはありませんが、試行錯誤をすることで必ず勘どころがつかめてきます。「メソッド分割やクラス分割って気軽にやってもいいんだ！」という気持ちで積極的にコード分割に挑戦してみましょう。

第6章

コードの集約

6.1 コードの重複は悪

昔から、「コードの重複は悪」と言われています。まったく同じコードがいろいろな場所に存在していると、変更が発生したときの修正作業が大変です。重複があるとコードの見通しも悪くなり、保守性が低くなってしまいます。重複がなく適切にまとめられたコードは修正も簡単で可読性にも優れた良いコードと言えます。しかしながら、コードをまとめると一口に言ってもいろいろな方法があります。本章ではコードを集約する方法や注意点を紹介します。

6.2 代表者の声

「コードをまとめる」ということに関して、代表者の声を聞いてみましょう。

●良い仕事をしたい普通のプログラマー

どの単位でまとめればいいのかが微妙にわかっていません。同じコードが出てきたらとりあえずIntelliJ IDEAのリファクタリング機能でメソッドの抽出を適当に実行しています。もう少しうまい方法がありそうですが、とりあえず重複はなくなっているのでこのやり方をずっと続けています。ほかにもコードをまとめる方法ってあるんですかねぇ。

●達人プログラマーを目指す中級プログラマー

以前オブジェクト指向に心酔していたときは、コードをまとめすぎて逆にスパゲッティーなプログラムになってしまったことがあったなー(遠い目)。最近はクラスの責務を意識して、「あるべきところにある」ようにコードを集約しつつも、過度な集約は控えるようにしているっす。

●達人プログラマー

中級プログラマーの言う「あるべきところにある」コードが理想じゃが、最初からうまくいく人はいないと思うぞ。抽出を試行錯誤して初めて、「あるべきところ」が見えてくるはずじゃ。初心者はまず「メソッドに抽出してまとめる」から始めて、少しずつ高度なまとめ方にチャレンジするとよいと思うぞ。

それぞれコードをまとめることは実践していますが、そのアプローチや考え方には差があるようです。それでは、コードのまとめ方にどのような方法があるか具体的に見ていきましょう。

6.3 メソッドに抽出してまとめる

重複したコードをメソッドに抽出してまとめることは、一番シンプルでわかりやすい方法です。

```
@Controller
public class StoreController {
    public void store(Account account) {
        if (account.getFirstName() == null
            || account.getFirstName().length() == 0) {
            return;
        }
        if (account.getLastName() == null
            || account.getLastName().length() == 0) {
            return;
        }
        ...
    }
}
```

上記のコードには「文字列が空っぽかどうか」という判定のコードが2回出てきます。この部分をisEmptyという別メソッドに抽出したのが次のコードです。

```
@Controller
public class StoreController {
```

```
    public void store(Account account) {
        if (isEmpty(account.getFirstName())) {
            return;
        }
        if (isEmpty(account.getLastName())) {
            return;
        }
        ...
    }

    // 重複部分をメソッドとして抽出
    private boolean isEmpty(String str) {
        return str == null || str.length() == 0;
    }
}
```

引数の文字列が空文字かどうかを判定するisEmptyメソッドを追加し、if文の判定式で利用しています。重複もなくなりコードがたいへん読みやすくなりました。2つのif文のreturnは同じなので、さらに次のようにまとめてもよいでしょう。

```
...
public void store(Account account) {
    if (isEmpty(account.getFirstName()
        || isEmpty(account.getLastName())) {
        return;
    }
    ...
}
...
```

メソッドの抽出はコードをまとめるうえで基本になります。コードの重複が発生したらまずはメソッドの抽出でまとめることを検討するとよいでしょう。

6.4 継承でまとめる

あるクラスを継承した子クラスどうしでコードの重複が発生することがよくあります。そのような場合、重複コードをメソッドとして抽出し、親クラスに移動することでまとめます。

先ほどのisEmptyメソッドを親クラスのBaseControllerに移動すると、次のようなコードになります。

```
public class BaseController {
    protected boolean isEmpty(String str) {...}
}

@Controller
public class StoreController extends BaseController {
    public void store(Account account) {
        if (isEmpty(account.getFirstName()
            || isEmpty(account.getLastName())) {
            return;
        }
        ...
    }
    ...
}

@Controller
public class ListController extends BaseController {
    public String getItemName(Item item) {
        return isEmpty(item.getName()) ? "商品名未設定" : item.getName();
    }
    ...
}
```

継承でのまとめ方には注意

継承を使うと2つのクラス間でコードの重複をまとめることができます。とりあえずコードの重複をなくすという意味では簡単なので悪くない方法です。ただし、継承でコードをまとめると次のような問題が発生することがあります。

❖親クラスが肥大する

まとめたいコードを親クラスにどんどん移動させていくと、巨大な親クラスができあがる可能性があります。肥大化したクラスは保守も難しくなります。親クラスにはすべての子クラスに本当に必要な共通的な振る舞いのみがあるべきなのです。

❖単一継承の制限

JavaやRubyでは継承できる親クラスは1つのみです。これを単一継承と言います。たとえば**図6.1**のように「電話をかける」「音楽を再生する」という2つのメソッドが別の継承ツリーに存在する場合、その2つを継承で1つのクラスから利用することはできません。コードを広く共有するという意味では継承はマッチしない場合が多いです。

これらの問題を避けたい場合は、継承よりも次のユーティリティクラスやサービスクラスを使ったほうがよいでしょう。先ほどの`isEmpty`も単一継承の制限から本来であればユーティリティクラスとしてまとめるのがベストです。

6.5 ユーティリティクラスにまとめる

ユーティリティクラスは特定の処理に便利なメソッドを集めたクラスです。有名どころとしてはJava標準ライブラリの`java.lang.Math`クラスがあります。`Math`クラスは数値演算の便利メソッドだけを集めたクラスです。

図6.1　単一継承の制限

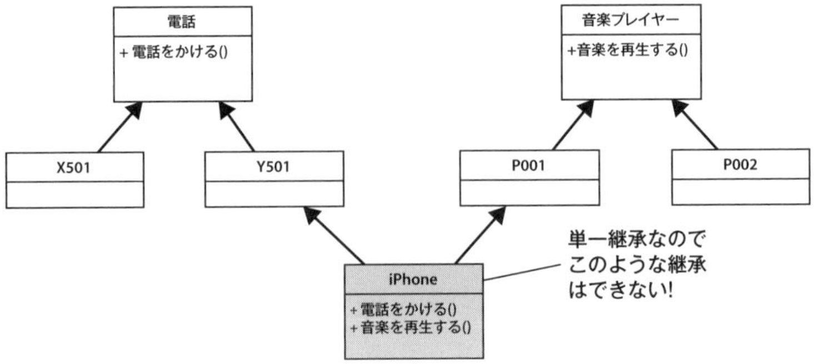

2つの数値で大きい値を取得 max=5

```
int max = Math.max(5, 1);
```

数値を四捨五入する value=4

```
int value = Math.round(3.5);
```

先ほどのisEmptyの例は、「文字列が空っぽか」という文字列に関する共通的な処理です。継承でまとめるのではなく次のようにユーティリティクラスにすることで、ほかのクラスから利用できます。

ユーティリティクラスの定義

```
public class Strings {
    public static boolean isEmpty(String str) {
        return str == null || str.length() == 0;
    }
}
```

ユーティリティクラスを使用

```
@Controller
public class StoreController {
    public void store(Account account) {
        if (Strings.isEmpty(account.getFirstName()
            || Strings.isEmpty(account.getLastName())) {
            return;
        }
        ...
    }
    ...
}
```

ユーティリティクラスのメソッドは基本的に、状態を持たない処理をstaticなメソッドとして定義します。状態がないので「いつでもどこでも」安心してメソッドを呼び出して利用できます。状態が必要だったり、ユーティリティクラスのメソッドの中でデータベースアクセスしたりする必要がある場合は、次節「サービス層にまとめる」、次々節「オブジェクトにまとめる」を検討してください。

Javaではstaticインポートと組み合わせると便利

Javaにはstaticメソッドをクラス名なしで呼び出せるstaticインポートという機能があります。staticインポートを使うと6.3節「メソッドに抽出してまとめる」、6.4節「継承でまとめる」と同じように、ユーティリティクラスのメソッドをメソッド名だけで簡潔に呼び出すことができます。

```
// Strings.isEmptyをstaticインポートする
import static Strings.isEmpty;

@Controller
public class StoreController {
    public void store(Account account) {
        // クラス名なしで呼び出し可能
        if (isEmpty(account.getFirstName()
            || isEmpty(account.getLastName())) {
            return;
        }
        ...
    }
    ...
}
```

ユーティリティクラスの名前付け

ユーティリティクラスのクラス名は、`Strings`など名詞がそのまま使用されるか、`StringUtils`など`Util`や`Utils`が後ろに付くことが多いです。上記の例では`String`だとJavaの標準ライブラリのクラスと重複するので、複数形の`Strings`にしています。

6.6 サービス層にまとめる

アプリケーションの中核となる機能や仕様は、サービス層としてコードを集約する方法があります。たとえばWebアプリケーションでは**図6.2**のようなレイヤ構造のアーキテクチャを採用することがあります。

サーブレットやSpring Bootのコントローラクラス、Ruby on Railsのコントローラクラスは Webコントローラ層にあたります。Webコントローラ層にはアプリケーションの中核機能は書かずに、サービス層を呼び出して目的の処理を実行します。この方法であれば、異なるアクションクラスやコントローラクラスから共通的なサービス層の処理を呼び出すことができます。

Javaではサービス層に、*Xxx*Serviceいうクラスを作成して利用することが多いです。

```
// ライセンスに関する処理を集めたサービスクラス
public class LicenseService {
    // 指定されたユーザーがItemを生成できるか？
    public boolean canCreateItem(Integer accountId) {
        // データベースアクセスを行ったりして判定する処理が入る
        ...
    }
}
```

6.7 オブジェクトにまとめる

次のように別のオブジェクトを参照することが多い処理は、そのオブジェクト自身にメソッドがあるほうがよい場合があります。

```
public class Folder {
    // 0なら通常フォルダ、1なら共有フォルダ
    public int type;
    ...
}

@Controller
public class FolderController {
```

図6.2　レイヤ構造のアーキテクチャの例

```
    public void store(Folder folder) {
        if (isSharedFolder(folder)) {
            ...
        }
        ...
        if (isSharedFolder(folder)) {
            ...
        }
    }

    // 共有フォルダか？（folderの値を参照）
    public boolean isSharedFolder(Folder folder) {
        return folder.type == 1;
    }
}
```

上記のコードでは共有フォルダかどうかを判定する処理をisSharedFolderメソッドに集約しています。このメソッドの処理は常にFolderが必要になっています。言い換えるとこの処理はFolderクラスのオブジェクトにとても関連があるわけです。このような場合は、処理自体をFolderクラスに移動することでオブジェクトのメソッドとしてまとめることができます。

```
public class Folder {
    // 0なら通常フォルダ、1なら共有フォルダ
    public int type;

    // 共有フォルダか？（自分自身の値を参照）
    public boolean isShared() {
        return this.type == 1;
    }
    ...
}

@Controller
public class FolderController {
    public void store(Folder folder) {
        if (folder.isShared()) {
            ...
        }
        ...
        if (folder.isShared()) {
```

```
            ...
        }
    }
}
```

共有フォルダかどうかを判定するメソッドをFolderクラスに作成して、FolderControllerクラスではそのメソッドを呼び出すだけになりました。コード的にもすっきりして可読性が上がっています。対象の処理がアプリケーション全体で共通な場合は、このようにオブジェクトに集約していくのがよいでしょう。

「オブジェクトにまとめる」はオブジェクト指向っぽくってよいのですが、設計が若干難しく、共通部分の対象を間違えると影響が大きいという問題があります。このあたりは何度かチャレンジしてみると勘どころがわかってくるので、簡単なところから試してみるとよいでしょう。

6.8 定数にまとめる

特定の値の重複も、コードの重複と同様に保守性を下げます。そのような値は定数化して重複をなくしましょう。

定数化前

```
@Controller
public class FolderController {
    public void store(Folder folder) {
        if (folder.type == 0
            || folder.type == 1) {
            ...
        }
        ...
        if (folder.type == 1) {
            ...
        }
    }
}
```

定数化後

```
@Controller
public class FolderController {
    // 定数を定義（特定の値を集約している）
    public static final int TYPE_NORMAL = 0;
    public static final int TYPE_SHARED = 1;
    public void store(Folder folder) {
        if (folder.type == TYPE_NORMAL
            || folder.type == TYPE_SHARED) {
            ...
        }
        ...
        if (folder.type == TYPE_SHARED) {
            ...
        }
    }
}
```

定数には重複をなくすほかに、コードの可読性が高まるというメリットもあります。コード中に「1」と書かれているより、TYPE_SHAREDと書かれているほうが可読性が高いです。

6.9 列挙型（enum）にまとめる

多くのプログラミング言語では列挙型がサポートされています。列挙型とは、複数の定数を1つにまとめて型を持たせることができるものです。列挙型は定数と比較して不正な値が入りにくいため、より安全に利用できます。

列挙型を使わない場合

```
// 定数を定義
public static final int TYPE_NORMAL = 0;
public static final int TYPE_SHARED = 1;

// 引数にint型なら何でも渡せてしまう！
public void isShared(int type) {
  ...
}
```

列挙型を使う場合

```
// 列挙型FolderTypeを定義
public enum FolderType {
    NORMAL, SHARED
}

// 列挙型FolderType（NORMALかSHREAD）しか渡せない！
public void isShared(FolderType type) {
  ...
}
```

6.10 まとめ

コードが重複していてもプログラムはとりあえず動きます。その重複をそのままにしているコードはだんだんと保守が難しくなっていきます。適切にコードをまとめてクリーンな状態を保つことは、良いコードのための継続的な活動なのです。

まとめすぎにご用心　Column

コードの重複は悪ですが、まとめすぎには注意が必要です。本来まとめるべきではないものをまとめてしまうと、それをバラしていくのは意外と大変です。「見た目が似ているだけで実は違う」というコードもあるので、機械的にコードをまとめるのは避けたほうがよいでしょう。また、重複がないうちから重複を予想しすぎてコードを抽出すると、抽出の範囲を間違えたりすることもあります。

基本はYAGNIの精神にのっとって、「同じコードが2回出たらまとめる」ぐらいの気持ちでよいでしょう。

第7章

データ構造

7.1 データ構造で勝負が決まる

データ構造の選択は重要です。データ構造は、コードの内容や保守性、複雑度に影響を与えます。良いデータ構造を選択できれば、コードの可読性が上がり保守しやすくなります。悪いデータ構造を選択してしまうと、コードは必要以上に複雑になりバグを生み出しやすくなります。

本章ではデータ構造に着目し、良いデータ構造を選ぶポイントを解説します。なお、本章のコード例はデータの構造を簡潔に表現できるJavaScript(ECMAScript 2020)を使用します。また、データ構造の型の説明で一部TypeScript[注1]も登場します。

7.2 代表者の声

それではデータ構造について、代表者の声を聞いてみましょう。

●良い仕事をしたい普通のプログラマー

データ構造という言葉自体が難しいものに感じます。配列とかマップとかそういうものがデータ構造なのでしょうか？　そもそも配列とマップの使い分けがよくわかっていなくて、雰囲気でどちらかを利用しちゃっています……。

●達人プログラマーを目指す中級プログラマー

以前作ったWeb APIでは、イケてるJSONの構造を考えて、API利用者から評判がめっちゃ良かったっす。ただ、データ構造にはこれといった正解がないので、やっているときはすごく不安だったなぁ。

注1　TypeScriptはMicrosoftが中心となって開発するJavaScript上位互換の言語です。JavaScriptに似た文法で型が定義できるのが特徴です。本書で使用するTypeScriptのバージョンは4.1です。

●達人プログラマー

良いデータ構造は良いコードに続き、悪いデータ構造は複雑なコードに続く。それは両輪じゃ。「良いデータ構造」と「良いコード」の両方を意識してこそ達人プログラマーじゃぞ。ふぉっふぉっふぉ。

データ構造については経験者ほど重要だと認識していそうですが、100%の正解がない世界なので、何らかの「良いデータ構造」の指針があるとよさそうです。

7.3 データ構造とは?

データ構造とは、文字どおりプログラムの中で扱うデータの構造のことです。よく使われるデータ構造としては数値、文字列、配列やリスト、連想配列(オブジェクトやハッシュなどを含みます)、クラスなどがあります。

数値

```
const age = 25;
```

文字列

```
const ageStr = "25";
```

配列

```
const ageList = [25];
```

連想配列

```
const ageMap = {
  name: 'Yamada'
  age: 25,
};
```

クラス

```
const person = new Person('Yamada', 25);
```

どれも普段プログラムを書くときにはお馴染みのものです。それぞれのデータ構造には特徴があり、どのデータ構造を選択するかで、パフォーマンスやメモリの使用効率が大きく変わってきます。**表7.1**は、よく使用される定番のデータ構造です。目的に合った適切なデータ構造を選択し、効率の良いプログラムを書くことが重要になってきます。

ここまでは、データの基本的な入れ物としてのデータ構造についてのお話です。本章では、それぞれの違いについてこれ以上は深く立ち入りません。本章の以降では、表現としてのデータ構造のお話に絞って解説します。表現としてのデータ構造とは、仕様に沿ったコードを書くうえで最適なデータの持ち方を表すデータの構造のことです。

日付のデータ構造の例

それでは、表現としてのデータ構造によってコードが変わる例を見てみましょう。以降で紹介する3つのコードは、すべて「2022年10月15日」という日付のデータを表していますが、データ構造はすべて異なります。それぞれのデータ構造とそれを処理するコードの違いを見てみましょう。

❖年月日をそれぞれの値で保持する場合

1つ目は、年月日をそれぞれの値で保持するコードです。

表7.1　代表的なデータ構造

名称	説明	使用例
配列	要素の数が固定のリスト	都道府県一覧、月の一覧
リスト	要素の数が可変のリスト	ToDoリスト、ツイート一覧
スタック	後に入れたデータを先に取り出すリスト	エディタのUndo/Redo
キュー	先に入れたデータを先に取り出すリスト	バッチ処理の受け付けリスト
連想配列（ハッシュ）	キーを使ってすばやく要素を取り出す	IDやキーに対する表示名や集計値
木構造（ツリー）	親と子の関係で木のような構造をしたデータ構造	フォルダとファイル
グラフ	要素どうしの関係を表したデータ構造	人脈、地図経路、路線情報

値で保持

```
const year = 2022;
const month = 10;
const day = 15;
...（そのほかの変数定義が続く）

// うるう年か判定
isLeapYear(year);

// 予約日を出力
printReserveDate(month, day);
```

一見シンプルでわかりやすいのですが、年月日が3つの変数に別れているため、それらは関連を持っていません。そのため、「3つまとめて日付のデータである」と常に意識したうえでコードを書く必要があります。

❖年月日を配列で保持する場合

2つ目は、年月日を配列で保持するコードです。

配列で保持

```
const date = [2022, 10, 15];
...（そのほかの変数定義が続く）

// うるう年か判定
isLeapYear(date[0]);

// 予約日を出力
printReserveDate(date[1], date[2]);

// 予約日を出力（添字に定数を使用）
printReserveDate(date[MONTH], date[DAY]);
```

年月日を配列で保持すると、配列の1番目が年、2番目が月、3番目が日と常に意識しながらコードを書かなければいけません。あとからコードを見たときも、その値が年月日のどれなのか、ぱっと見ではわかりません。

定数を配列の添字として使用して可読性を少しだけ上げることもできます。しかし、「定数を定義する」「日付を扱うときは定数を常に使う」という別のルールが追加され、より複雑になっているようにも思えます。

❖年月日をオブジェクトのプロパティとして保持する場合

3つ目は、年月日をオブジェクトのプロパティとして保持するコードです。

オブジェクトで保持

```
const date = {
  year: 2022,
  month: 10,
  day: 15
};
...（そのほかの変数定義が続く）

// うるう年か判定
isLeapYear(date.year);

// 予約日を出力
printReserveDate(date.month, date.day);
```

年月日をオブジェクトのプロパティとして保持すると、3つの値を1つにまとめて、値を名前で参照できます。あとから見たときに、年月日のどの値を使っているかが一目瞭然です。

複数のメールアドレスのデータ構造の例

別の例も見てみましょう。以降で紹介する2つのコードは、どちらも個人情報として次の項目を保持しています。

- 名前
- 年齢
- メインのメールアドレス
- 複数のサブのメールアドレス

この例でもそれぞれのデータ構造は異なり、それを処理するコードが大きく異なっています。

❖すべてのメールアドレスを配列で保持する場合

1つ目は、すべてのメールアドレスを配列で保持するコードです。

```
const person = {
    name: 'Yamada',
    age: 26,
    emails: [
        {
            main: true,  ―❶
            value: 'yamada.gcw@example.com'
        },
        {
            main: false,
            value: 'yamada.gcw@gmail.com'
        },
        {
            main: false,
            value: 'yamada.gcw@docomo.ne.jp'
        },
    ],
}

// ❷すべてのアドレスを出力
person.emails.forEach((email) => console.log(email));

// ❸メインアドレスを検索して出力
console.log(person.emails.find((email) => email.main);
```

メイン、サブの両方のメールアドレスを合わせて1つの配列で保持した場合、メインのメールアドレスかどうかをフラグで保持する必要があります(❶)。すべてのメールアドレスに対しての一括処理が容易なデータ構造ですが(❷)、メインのメールアドレスを取得するには常に配列の検索が必要です(❸)。

また、「メインのメールアドレスは常に1つだけ設定する」という暗黙のルールを意識する必要があります。

❖メインとサブのメールアドレスを別のプロパティで保持する場合

2つ目は、メインとサブのメールアドレスを別のプロパティで保持するコードです。

```
const persons = {
    name: 'Yamada',
```

```
    age: 26,
    emails: {
        main: 'yamada.gcw@example.com',
        sub1: 'yamada.gcw@gmail.com',
        sub2: 'yamada.gcw@docomo.ne.jp'
        sub3: undefined
    }
}

// ❶すべてのアドレスを出力
console.log(person.emails.main);
console.log(person.emails.sub1);
console.log(person.emails.sub2);
console.log(person.emails.sub3);

// ❷メインアドレスを出力
console.log(person.emails.main);
```

メインのメールアドレスをmainというプロパティで保持し、サブのメールアドレスをsub1、sub2、sub3というプロパティで保持した場合、メインのアドレスを取得するのは簡単です(❷)。ただし、すべてのメールアドレスを一括処理したい場合は、main、sub1、sub2、sub3と順番に出力する必要があります(❶)。

ここまで例を見てきましたが、どのデータ構造が良いかはそのシステムの要件にもよります。ここでは、「データ構造が異なると、それを処理するコードも変わる」という点を理解しておいてください。

7.4 データ構造の指針

良いデータ構造とはどのようなものでしょうか？ その指針を簡単に紹介します。

仕様や制約が明確

仕様や制約が明確なデータ構造は、間違った値が入りにくいためコードが書きやすくなります。これは良いデータ構造と言えるでしょう。逆に、データの型が不明瞭なものや、暗黙のルールが多いものは、良くないデータ構造と言えます。

型やオプショナルな値をサポートする言語では、データ構造の仕様や制約をコードで表現できます。次のコードはTypeScriptによるデータ構造の定義の例ですが、インタフェースPersonにより、各プロパティの型や、nullがあり得るかどうかなどが明確になっています。

```
// データ構造の定義
// emailはオプショナル型のためnullがあり得る
interface Person {
  name: string;
  age: number;
  email?: string;
}

// データ構造の使用
const yamada: Person = {
  name: 'Yamada',
  age: 26,
  email: 'yamada.gcw@example.com',
};

// 間違った型の値を入れるとコンパイルエラー
yamada.age = "12"

// emailはnullの可能性があるのでnullチェックがコンパイラにより強制される
if (yamada.email) {
  // if文でnullチェックしているのでここでは安全に使用できる
  console.log(yamada.email);
}
```

処理するコードが書きやすい

処理するコードが書きやすいデータ構造は、プログラマーががんばらなくても自然と理解しやすいコードが書けるので、良いデータ構造と言えるでしょう。

処理するコードが書きにくいデータ構造の場合、「事前に良いデータ構造に変換し、処理を行う」ことで理解しやすいコードを書くことができます。

本章の後半のお題で、その例をお見せします。

パフォーマンスが劣化しにくい

どのデータ構造を選択するかによって、パフォーマンス(処理速度やメモリ使用量)は変わります。システムの要件を満たし、十分なパフォーマンスが出せるデータ構造は良いデータ構造と言えます。

特に、大量のデータやバイナリデータなどを扱う処理では、データ構造により、パフォーマンスが出にくかったり、メモリ不足でシステムが落ちたりする場合があります。そのため、パフォーマンスの観点から適切なデータ構造を選択する必要があります。たとえば、画像データをメモリ中に持つのではなく、その参照のパスのみを持つことで、メモリ使用量は大幅に低減できます。

画像データをメモリ中に持つ場合

```
// すべてメモリに展開されるため大量のメモリを消費する
const file = {
  name: 'image.png',
  content: 'data:image/png;base64,....'
}
```

画像データをメモリ中に持たない場合

```
// ファイルのパスのみを保持するためメモリの消費が少ない
const file = {
  name: 'image.png',
  path: '/data/images/image.png'
}
```

また、Web APIなどで一度に取得できるデータ数を制限するページング処理も、パフォーマンスを考慮したデータ構造です。ページングすることで、データ転送時のデータ量やサーバ負荷の低減を実現できます。

ページングなしの場合

```
// 10000件のデータがあったらすべてのデータを一度に送信するため
// パフォーマンスが劣化する
{
  items: [
    { content: "..." },
    ... (10000件続く可能性あり!)
```

```
  ]
}
```

ページングありの場合

```
// 一度に取得するデータは最大100件までに制限することで
// パフォーマンスが劣化を防止する
{
  paging: {
    offset: 0,
    total_count: 10000,
    next_url: "https://example.com/api/items?offset=100"
  },
  items: [
    { content: "..." },
    ...（最大100件）
  ]
}
```

7.5 お題　美容室の予約画面のHTMLを出力する

今回のお題は「美容室の予約画面の実装」です。予約データをもとに予約画面のHTMLを出力します。

リスト7.1のような予約データを配列として受け取り、そのデータをもとに、それぞれの日時に何件の予約が入っているかを確認できるHTMLを出力します（**リスト7.2**、**図7.1**）[注2]。予約データとしては表示対象のすべての日付／時間のデータがあり、日付と時間でソートされているものとします。

注2　説明用のサンプルのためHTMLをconsole.logで画面に出力していますが、通常であればテンプレートエンジンなどを使ってレスポンスをブラウザに返却することが多いでしょう。

リスト7.1　**予約データ**

```
const reservations = [
  {
    date: '2022-10-01', // 予約日
    time: '10:00',      // 予約時間
```

```
    count: 2,           // 予約数
    limit: 2,           // 予約上限
  },
  {
    date: '2022-10-01',
    time: '11:00',
    count: 0,
    limit: 2,
  },
  ...
  {
    date: '2022-10-02',
    time: '10:00',
    count: 1,
    limit: 2,
  },
  ...
];
```

リスト7.2 出力されるHTML

```
<table>
  <tr>
    <th>日付</th>
    <th>10/01</th>
    <th>10/02</th>
    ...
  </tr>
  <tr>
    <td>10:00</td>
    <td>2/2</td>
    <td>1/2</td>
    ...
  </tr>
  <tr>
    <td>11:00</td>
    <td>0/2</td>
    <td>0/2</td>
    ...
  </tr>
  ...
</table>
```

7.6 ステップ1　データベースのデータ構造をそのまま利用する

まずは予約データのデータ構造をそのまま使ってコードを書いてみます（**リスト7.3**）。

最初に❶で、1行目の「日付の行」のHTMLを出力しています。予約データの一覧には同一日のデータが複数あるので、❷で日付が初回に出てきたときのみ日付のセル（th要素）を1列分出力します。❸のように出力済みの日付を一時変数としての配列に格納し、それを使って判定するというコードになっています。

次に❹で、2行目以降の「時間ごとの予約状況の行」を出力しています。❺

図7.1　出力される画面

日付	10/01	10/02	10/03	10/04	10/05	10/06	10/07
10:00	2/2	1/2	0/2	0/2	0/2	2/2	2/2
11:00	0/2	0/2	0/2	0/2	0/2	1/2	0/2
12:00	0/2	0/2	0/2	2/2	0/2	0/2	0/2
13:00	0/2	0/2	0/2	0/2	0/2	0/2	0/2
14:00	0/2	0/2	0/2	0/2	1/2	0/2	0/2
15:00	0/2	0/2	0/2	0/2	0/2	0/2	0/2

リスト7.3　データベースのデータ構造をそのまま利用したコード

```
...
console.log('<table>');

// ❶1行目（日付の行を出力）
console.log('<tr>');
console.log('<th>日付</th>');
const dates = [];
for (let i = 0; i < reservations.length; i++) {
```

```
  const date = reservations[i].date;

  // 新しい日付が出てきたら1行出力
  if (!dates.includes(date)) {                ―❷
    console.log(`<th>${date}</th>`);
    dates.push(date);                         ―❸
  }
}
console.log('</tr>');

// ❹2行目以降(時間ごとの予約状況の行を出力)
const times = [];
for (const timeReservation of reservations) {
  const time = timeReservation.time;

  // 新しい時間帯が出てきたら1行出力
  if (!times.includes(time)) {                                        ―❺
    console.log('<tr>');
    console.log(`<td>${time}</td>`);
    const dates = [];
    for (const dateReservation of reservations) {                     ―❻
      const date = dateReservation.date;

      // 新しい日付が出てきたら1列出力
      if (!dates.includes(date)) {                                    ―❼
        console.log('<td>');
        // 時間と日付が一致する対象の予約データを取得
        const target = reservations.find((r) => {                     ―❽
          return r.time == time && r.date == date;
        });
        if (target) {
          console.log(`${target.count}/${target.limit}`);            ―❾
        }
        console.log('</td>');
        dates.push(date);
      }
    }
    console.log('</tr>');
    times.push(time);
  }
}
console.log('</table>');
```

では、予約データのループの中で時間が初回に出てきたときのみ、時間の行を1行分出力しています。❻からは横方向に日付ごとの予約数を出力する処理です。まず日付ごとの予約情報を出力するために、再度予約データのループを行っています。❼では先頭行の日付の行と同じように、日付が初回に出てきたときのみ、対象の時間と日付のデータの出力処理を実行します。❽では現在の時間と日付に一致する予約データを取得し、❾で予約情報のセル(td要素)の中身を出力しています。

このコードは問題なく動きますが、予約データのデータ構造をそのまま使って処理しているため、複雑なコードになっています。特に、初回の日付／時間データのときのみ、新しい列／行とみなして出力する部分などは、無理やり感が否めません。

7.7 ステップ2 処理に最適なデータ構造を把握する

次に、今回の処理に最適なデータ構造を考えてみましょう。

もとのデータ構造はいったん忘れて、レイアウトしやすいデータ構造を設計してみます(**図7.2**)。テーブルの1行目は、横方向に日付が並んでいます(❶)。この日付の一覧を配列として保持することにします。2行目以降は、縦方向に時間の行が並んでいます(❷)。それぞれの行は横方向に日付ごとの予約データを持っています(❸)。時間のデータの中に、予約情報の配列が保持されていればよさそうです。

最適なデータ構造のイメージを具体的にコード化したのが**リスト7.4**で

図7.2　**最適なデータ構造**

日付	10/01	10/02	10/03	10/04	10/05	10/06	10/07
10:00	2/2	1/2	0/2	0/2	0/2	2/2	2/2
11:00	0/2	0/2	0/2	0/2	0/2	1/2	0/2

❶日付の配列

❷時間の配列

❸日付ごとの予約情報の配列

す。すべての日付は配列で保持しています(❶)。また、予約データも対象の時間ごとに配列で管理します(❷)。それぞれの時間は、dateReservationsというプロパティに日付ごとの予約情報を配列で保持しています(❸)。

このデータ構造を使うことで、HTML出力時に無理のない自然なコードが書けるようになるはずです。

7.8 ステップ3 最適なデータ構造に変換して利用する

最適なデータ構造が把握できたので、予約データのデータ構造を最適な形に変換し、それを使って処理するコードを書いてみます。

最適なデータ構造に変換する処理は**リスト7.5**です。肝は❶❷のデータの変換処理です。それぞれ、日付の配列と時間ごとの配列という形で、先ほど設計した最適なデータ構造へと変換しています。

最適なデータ構造を使ってHTMLを出力するコードは**リスト7.6**です。

リスト7.4 今回の処理に最適なデータ構造のイメージ

```
// ❶日付の配列
const dates = [
  '2022-10-10',
  '2022-10-11'
    ...
];

// ❷時間ごとの予約データの配列
const timeSlots = [
  {
    time: '10:00',
    dateReservations: [ ―❸
      {
        date: '2022-10-01'
        time: '10:00',
        count: 2,
        limit: 2,
      },
```

```
      {
        date: '2022-10-02'
        time: '10:00',
        count: 1,
        limit: 2,
      },
      ...
    ],
  },
  {
    time: '11:00',
    dateReservations: [
      {
        date: '2022-10-01'
        time: '11:00',
        count: 0,
        limit: 2,
      },
      ...
  },
  ...
];
```

リスト7.5　最適なデータ構造に変換する処理

```
...
// ❶ユニークな日付の配列を作成
const buildDates = (reservations) => {
  const dates = [];
  for (const r of reservations) {
    if (!dates.includes(r.date)) {
      dates.push(r.date);
    }
  }
  return dates;
};

// ❷時間ごとの予約データの配列を作成
const buildTimeSlots = (reservations) => {
  const timeSlots = [];
  const times = [];
  for (const timeReservation of reservations) {
    if (!times.includes(timeReservation.time)) {
```

```
      // 対象時間のすべての日付の予約データの配列を作成
      const dateReservations = reservations.filter((r) => {
        return r.time == timeReservation.time;
      });
      const timeSlot = {
        time: timeReservation.time,
        dateReservations: dateReservations,
      };
      timeSlots.push(timeSlot);
      times.push(timeReservation.time);
    }
  }
  return timeSlots;
};
...
```

リスト7.6 最適なデータ構造を使ったコード

```
...
// ❶データ構造を変換
const dates = buildDates(reservations);
const timeSlots = buildTimeSlots(reservations);

console.log('<table>');

// ❷1行目（日付の行を出力）
console.log('<tr>');
console.log('<th>日付</th>');
for (const date of dates) {
  console.log(`<th>${date}</th>`);
}

// ❸2行目以降(時間ごとの予約状況の行を出力)
for (const timeSlot of timeSlots) {
  console.log('<tr>');
  console.log(`<td>${time}</td>`);
  for (const r of timeSlot.dateReservations) {
   console.log(`<td>${r.count}/${r.limit}</td>`);
  }
  console.log('</tr>');
}

console.log('</table>');
```

❶でHTMLを出力するための最適なデータ構造を準備しています。❷❸のようにHTMLの出力部分にはif文や一時変数への代入などの余計な処理がなく、基本的にループを素直に回して出力していくだけです。

考察　データの変換処理とHTMLの出力処理を分ける

今回のポイントは2点です。

❶処理に最適なデータ構造を把握する

❷もとのデータ構造を最適なデータ構造に変換して利用する

結果として、「データの変換処理」と「HTMLの出力処理」を明確に分けることができました。これにより、コードが理解しやすく、保守性も上がりました。

別の言い方をすると、データベースのデータ構造をそのまま利用した最初のコードは、「データの変換処理」と「HTMLの出力処理」を同時に行っているのでコードが複雑化したとも言えます。

考察　効率的なデータ変換の方法

ほとんどの言語に備わっているmap/filter/reduceなどのしくみを使うと、データ構造の変換が楽になります。

mapとfilterを使って日付ごとにグルーピング

```
const dateReservations = dates.map((date) => {
  return {
    date: date,
    reservations: reservations.filter((r) => r.date == date)
  };
});
```

また、お題でやったようにデータ変換用の関数を作成すると、次のメリットが生じるのでお勧めです。

- 変換ロジックをテストしやすい
- 変換ロジックを再利用できる
- 変換に伴う一時変数などを関数内に隠蔽《いんぺい》化《か》できる

考察　クラスを使うとどうなる?

今回は説明が簡潔になるようにクラスを使用しませんでしたが、クラスは属性値を使って階層構造を定義できるのでデータ構造と言えます。今回のお題の例をJavaScriptのクラスで表現すると、次のようになるでしょう。

```
class TimeSlot {
  time;
  dateReservations;

  constructor(time, dateReservations) {
    this.time = time;
    this.dateReservations = dateReservations;
  }
}

class DateReservation {
  date;
  time;
  count;
  limit;

  constructor(date, time, count, limit) {
    this.date = date;
    this.time = time;
    this.count = count;
    this.limit = limit;
  }
}
```

データ構造をプロパティで明示的にしたい場合や、データに対しての操作をまとめたい場合は、クラスを使うと良いでしょう。

7.9 まとめ

本章ではデータ構造に着目し、良いデータ構造を選択することで、コードが良くなることを見てきました。コードを書く前に、今から書くコードに最適なデータ構造は何かを意識しましょう。

データ構造はどこにでも存在している　Column

システムの中ではさまざまな場面でデータ構造が出てきます。本章で解説したプログラム中のデータ構造以外で、特にコードに影響を与えるデータ構造を紹介します。

データベースのスキーマ

データベースはスキーマによりデータ構造を定義し、テーブルにレコードという形でデータそのものを格納します。基本的にデータは2次元の表という形で扱われます。データベースのスキーマでは、制約を使ってデータ構造を厳密に定義したり、テーブルどうしに関連を持たせることで、複雑なデータ構造を表現できます。

Web APIのレスポンス

Web APIはJSON形式でデータが返されることが多く、そこにはデータ構造があります。また、GraphQLなどJSON以外の形式の場合も、定義方法やフォーマットは異なっていますが、同じようにデータ構造があります。

第8章

コードのパフォーマンス

8.1 パフォーマンスを意識していますか?

コンピュータの処理はどんどん速くなり、使用できるメモリも一昔前の数十倍に増えています。コンピュータのリソースを贅沢に使った富豪的プログラミングも、Webアプリケーションなどをすばやく開発するという点から注目を集めています。

その一方でギリギリまでパフォーマンスチューニングされ高速に動作するWebアプリケーションや、限られたリソースでプログラミングを行わなければならないスマートフォン向けの開発機会も増えてきました。

いずれの場合もパフォーマンスは良いに越したことはありません。むしろ、基本です。しかしながら、パフォーマンスにまつわる次のようなトラブルがいまだなくならないのが現実です。みなさんも経験がありませんか?

- システムが完成してリリースしてみたら、使いものにならないくらい遅かった
- 長期間の使用によりデータ量が増え、表示速度がどんどん遅くなる
- 小さなファイルなら問題ないが、大きなファイルをアップロードしたら一発でサーバが落ちた

これらはすべて、パフォーマンスを意識していないか考慮が足りないために発生する問題です。

そこで本章では、「とりあえず動作するコード」を卒業して、「効率良く動作するコード」を実現するための方法を解説します。

8.2 代表者の声

まずはパフォーマンスについて代表者の声を聞いてみましょう。

●良い仕事をしたい普通のプログラマー

パフォーマンスが大事だということは知っていますが、普段コードを書いているときはあまり意識できていません。そもそも「とりあえず完成させる」だけでも苦労しているので……。そういえば、この前リリースしたシステムがだんだん遅くなってきているのが、かなり気になっています……。

●達人プログラマーを目指す中級プログラマー

アルゴリズムを意識せずにコードを書くプログラマーはプロじゃないっすよね。俺？ 俺はいつでも意識的っすよ。でも、この前リリースした「10万人同時アクセスを想定して、すご～く時間をかけてチューニングしたWebアプリケーション」の同時アクセスが100人に満たなかったのは内緒ですよ……。

●達人プログラマー

パフォーマンスチューニングは考慮する点も多く、経験や技術がモノをいう難しい仕事じゃ。初心者や中級者がチューニングする際は上級者のレビューを受けたほうがよいかもしれぬのぅ。パフォーマンスチューニングを頑張ってやったつもりが、逆にパフォーマンスが悪くなってしまうことがないように！ すべては「測定に始まり、測定に終わる」じゃぞ。

普通のプログラマーが言うようにコードを書くだけで精一杯という状態では、パフォーマンスにまで気が回らないことが多いようです。せっかくきれいな良いコードが書けても、パフォーマンスが悪く使いものにならなければそれは悪いコードです。常に効率を意識してコードを書きましょう。

8.3 パフォーマンスは計算量で決まる

みなさんは計算量という言葉をご存じでしょうか。コードには1命令ごとにコスト(処理時間や使用メモリ)がかかります。そのコストを数値化して合計したものが計算量です。計算量が少なければパフォーマンスが良く、計算量が多ければパフォーマンスは悪くなります。

計算量はアルゴリズムによって変わります。アルゴリズムとは、「ある処理をどのように実装するか」という方法のことです。同じ処理であっても適切なアルゴリズムを選択することで、計算量が少なくなりパフォーマンスやメモリ使用量が大幅に改善します。

実際にアルゴリズムの違いで計算量が変わる例をいくつか見てみましょう。

アルゴリズムの選択で変わる

リスト8.1は入力値(inputs)をもとに国別の出現数をカウントするプログラムです。パフォーマンスの差が出やすいように全体を10万回繰り返し

リスト8.1 国別の出現数をカウントするコード

```
public class Main {
    public static void main(String[] args) {
        // 国の一覧 (5ヵ国)
        Country[] countries = new Country[] {
            new Country("JP", "日本"),
            new Country("US", "アメリカ"),
            new Country("FR", "フランス"),
            new Country("DE", "ドイツ"),
            new Country("UK", "イギリス"),
        };

        // 入力値 (7件)
        String[] inputs = new String[] {
            "JP", "FR", "US", "FR", "UK", "DE", "US"};
        long t1 = System.currentTimeMillis();
```

```
        // breakなし
        for (int i = 0; i < 100000; i++) {
            for (String input : inputs) {
                for (Country country : countries) {
                    if (country.getCode().equals(input)) {
                        country.increment();
                    }
                }
            }
        }
        long t2 = System.currentTimeMillis();
        System.out.println("time=" + (t2 - t1));
    }

    // 国ごとの集計
    static class Country {
        private final String code;
        private final String name;
        private int counter = 0;

        public Country(String code, String name) {
            this.code = code;
            this.name = name;
        }

        public String getCode() {
            return code;
        }

        public String getName() {
            return name;
        }

        public void increment() {
            counter++;
        }

        public int getCounter() {
            return counter;
        }
    }
}
```

て実行しています。

このプログラムを実行すると次のような結果が得られます。

```
time=47
```

このアルゴリズムでは47ミリ秒の時間がかかりました。リスト8.1をよく見ると、次の部分があります。

```
for (Country country : countries) {
    if (country.getCode().equals(input)) {
        country.increment();
    }
}
```

上記は、国の一覧をループして、入力値と国コードが一致すれば国ごとの集計をカウントアップする処理です。このループは国の数だけ必ず繰り返し実行されます。if文の実行回数を計算量の単位とすると、このコードの計算量は次のようになります。

計算量＝入力の数×国の数＝7×5＝35

コードをよく見ると、国の一覧ループでif文の中に入るのは常に1回のみです。1回でも条件が一致すれば、あとの繰り返しは無駄な処理です。そこで、目的の国が見つかったらループを抜ける処理を追加すると、次のようになります。

```
for (Country country : countries) {
    if (country.getCode().equals(input)) {
        country.increment();
        break; // ループを抜ける
    }
}
```

上記のコードの場合、1回の入力で実行される計算量(繰り返しの回数)は、最小で1、最大でも国の数である5です。入力される国が等しくばらけているとしたら、計算量は次の式で算出できます。

計算量＝入力の数×((1+国の数)÷2)=7×((1+5)÷2)＝21

これで計算量は約半分近くになりました。実際に実行してみた結果も予想どおりの速さです。

```
time=29
```

ものすごく当たり前のことを言っている気がしますが、すべてのコードの計算量を意識することから始めましょう。そのうえで計算量を減らすアルゴリズムやコードを適用し、パフォーマンスを向上させていきます。

クラスの選択で変わる

リスト8.2は、2つのリストの先頭にランダムな数字を10万回挿入後に取得するプログラムです。変数arrayListはArrayList型、変数linkedListはLinkedList型を入れ物として使用しています。

このプログラムを実行すると次のような結果が得られます。

```
ArrayListへの挿入=4500
LinkedListへの挿入=30
ArrayListへの参照=8
LinkedListへの参照=12792
```

まったく同じ処理ですが、要素の挿入はLinkedListがArrayListの150倍高速で、要素の参照はArrayListがLinkedListの1,500倍高速という結果が出ました。

どうしてこのような差が現れるのでしょうか。それは、2つのクラスの内部のアルゴリズムが違うからです。ArrayListとLinkedListの内部実装は次のような特徴を持っています(**図8.1**)。

- ArrayList
  内部的に配列を用いてリストを管理。途中に要素が挿入されたり除去されたりすると、配列の並び替えが発生してしまい遅い。インデックスを指定しての参照は配列のため高速

- LinkedList
  内部的に参照リストを用いてリストを管理。途中への要素の挿入、除去の処理は速い。インデックスを指定しての参照は参照リストのため遅い

リスト8.2 ArrayListとLinkedList

```
public class Main {
    public static void main(String[] args) {
        List<Integer> arrayList = new ArrayList<Integer>();
        List<Integer> linkedList = new LinkedList<Integer>();
        Random random = new Random();
        long t1 = System.currentTimeMillis();

        // ArrayListへの挿入
        for (int i = 0; i < 100000; i++) {
            arrayList.add(0, random.nextInt());
        }
        long t2 = System.currentTimeMillis();

        // LinkedListへの挿入
        for (int i = 0; i < 100000; i++) {
            linkedList.add(0, random.nextInt());
        }
        long t3 = System.currentTimeMillis();

        // ArrayListへの参照
        for (int i = 0; i < 100000; i++) {
            int n = arrayList.get(i);
        }
        long t4 = System.currentTimeMillis();

        // LinkedListへの参照
        for (int i = 0; i < 100000; i++) {
            int n = linkedList.get(i);
        }
        long t5 = System.currentTimeMillis();

        System.out.println("ArrayListへの挿入=" + (t2 - t1));
        System.out.println("LinkedListへの挿入=" + (t3 - t2));
        System.out.println("ArrayListへの参照=" + (t4 - t3));
        System.out.println("LinkedListへの参照=" + (t5 - t4));
    }
}
```

この特徴から、挿入や削除の処理が多ければLinkedList、参照処理が多ければArrayListを使用したほうがパフォーマンスが良くなる傾向にあります。

このようにクラスで使用されているアルゴリズムによってパフォーマンスは変わるので、場面に応じた適切なアルゴリズムを持つクラスを選択する必要があります。

ライブラリの使い方で変わる

JavaScriptのライブラリReact v17では、次のような形式で関数を定義して子コンポーネントに渡すことができます。

```
function LoginPage(props) {
    const { token } = props;

    // 関数を定義
    const handleSubmit = (id, password) => {
        // tokenとid/passwordを使ったログイン処理
```

図8.1　ArrayListとLinkedListへの要素挿入のイメージ

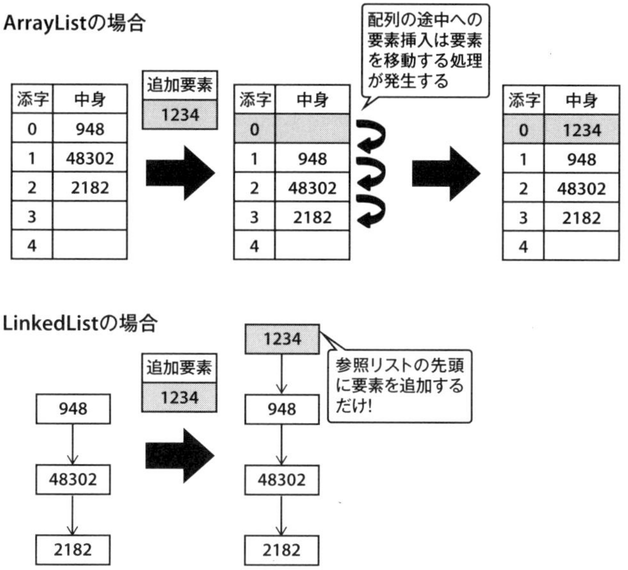

```
        ...
    };

    // LoginFormコンポーネントに渡す
    return (
        <div>
            <LoginForm onLogin={handleSubmit}>
        </div>
    );
}
```

このコードではログイン処理を行う関数を定義し、LoginFormに渡すことでログインボタンが押されたタイミングでその関数が呼ばれるようにしています。何気ないコードですが、パフォーマンスを意識して考えると次の疑問が浮かぶことでしょう。

handleSubmit関数はレンダリングのたびに新しく生成されてLoginFormに渡されることになるな。Reactの場合、渡される値が変化すると子のコンポーネントも再レンダリングされるって聞いていたけど、これって問題ないのかな？ Reactのドキュメントを読んで確認してみよう。

実際にReactのドキュメントを読むとわかりますが、先ほどの書き方だとレンダリングのたびにhandleSubmit関数が生成されるため、毎回LoginFormも再レンダリングが走りパフォーマンスが悪くなります。

先のコードを次のように書き換えることで、依存する変数(token)が変わったときのみhandleSubmitは新しい関数として設定され、それ以外のときは同じ関数が再利用されるようになります。これにより、LoginFormの再レンダリングを大幅に減らすことができます。

```
function LoginPage(props) {
    const { token } = props;

    // 関数を定義（tokenが変わったときだけ再生成）
    const handleSubmit = useCallback((id, password) => {
        // tokenとid/passwordを使ったログイン処理
```

```
        ...
    }, [token]);

    // LoginFormコンポーネントに渡す
    return (
        <div>
            <LoginForm onLogin={handleSubmit}>
        </div>
    );
}
```

このようにライブラリの使い方によってパフォーマンスが変わります。ライブラリのドキュメントやAPIリファレンス、ソースコードを読んで、効率的な使い方をする必要があります。

8.4 パフォーマンスチューニングの手順

パフォーマンスで問題が発生しそうな箇所や実際に発生してしまった場合、パフォーマンスのチューニング(改善)を行います。そのときに陥りやすい間違いとして次のようなことが挙げられます。

- 原因箇所を特定せずにやみくもにチューニングする
- 測定せずに思い込みでパフォーマンスを判断する

パフォーマンスのチューニングは簡単ではありません。パフォーマンスと引き換えに保守性を犠牲にして速度を稼ぐ場合もあります。「やみくもにチューニングしてアーキテクチャまで大幅に変えてみたが、あまり効果がなかった」といった悲劇が起きないために、測定を基本にした手順で進めていきましょう(**図8.2**)。

❶まずは測定する

予想や直感による判断は危険です。まずは処理にかかった時間を機械的かつ客観的に測定しましょう。測定の方法には、ログ出力やプロファイラの使用などがあります。

❖ログ出力による測定

ログ出力は、リスト8.1のように、処理の前後で現在の時刻を記録し、かかった時間をログに出力する方法です。原始的ですが簡単に試すことができます。

対象のコードを実行するための小さなユニットテストを用意して、何度も試すことができる状態を作るとさらに効率が良いでしょう。

❖プロファイラによる測定

プロファイラとは、実行中のプログラムの処理時間や実行順序、メモリ使用量などを監視し測定できるツールのことです。プロファイラを使うことで処理のボトルネックになっている箇所を知ることができます。プロファイラには無償・有償含めて言語や実行環境ごとにさまざまなものがあります。言語ごとの代表的なプロファイラを**表8.1**にまとめました。

また、SQLのパフォーマンス測定は、それぞれのデータベースに付属のプロファイラ(アナライザ)を使用したり、EXPLAINを使用してSQL実行にかかるコストをチェックすることで行います。

図8.2 パフォーマンスチューニングの手順

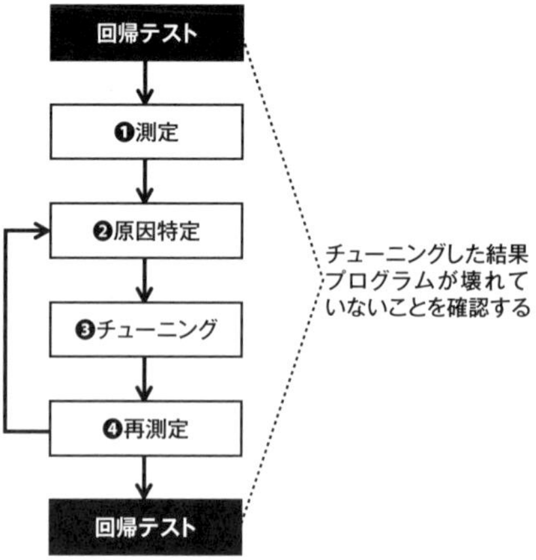

❷原因を特定する

測定ができる状態になったら、少しずつ測定の範囲を狭めていき、パフォーマンスが悪い原因箇所を特定します。「この行の処理が遅い」という箇所まで絞り込んだらチューニングを開始します。

❸チューニングする

パフォーマンスチューニングの方法には先述したアルゴリズムの選択以外にもさまざまなものがあります。アルゴリズムの選択以外のチューニング方法は次節で紹介します。

❹チューニング結果を測定する

チューニングが終わったら再度測定を行い、チューニング前と比べた改善ぶりを数値として確認します。ユーザーインタフェースを持つシステムであれば、実際に画面から手動で操作して体感レベルでもパフォーマンスが改善しているかを確認しておきます。

改善されていなければ、❷の原因の特定に戻りチューニングを繰り返していきます。

表8.1　言語別の代表的なプロファイラ

言語	名称
Java	VisualVM、JProfiler
JavaScript	Chrome DevToolsなど各ブラウザの開発者ツール
Ruby	profile、ruby-prof、stackpro
PHP	Xdebug、xhprof
Python	profile、cProfile
C	gprof
C#	Visual Studioのパフォーマンスプロファイラ
Go	pprof
Swift	XCodeのInstruments/Time Profiler

さらに、チューニングの前後では回帰テスト[注1]を実行して、チューニングの結果プログラムが壊れていないことを確認すれば完ぺきです。基本的にチューニングは性能を高めるだけでプログラムの挙動は変更しないので、チューニング後でもテストは通るはずです。

8.5 アルゴリズムの選択以外のパフォーマンスチューニング

ここでは、先に紹介したアルゴリズムの選択以外で、特に効果的なパフォーマンスチューニングの方法をいくつか紹介します。

SQLやテーブル設計を変更する

業務システムやWebアプリケーションのボトルネックは、効率の悪いSQLが原因であることが多いです。データが少ないうちは問題なくても、データが多くなったとたんにデータ量に比例して遅くなるというトラブルをよく見かけます。この場合、SQLやテーブル設計をチューニングすることでパフォーマンスを改善できます。

キャッシュする

キャッシュによるパフォーマンス向上もポピュラーな方法の一つです。データベースから取得した結果や、処理に時間がかかる結果などは、毎回計算したり取得するのではなく、結果をキャッシュして2度目以降のアクセスを高速化させます。

簡単な例を見てみましょう。**リスト8.3**の`ItemFinder`の`getItems`メソッ

注1　すべての機能が正しく動作することを確認するテストのことです。リグレッションテストとも言います。

ドは、呼び出し元から何度か呼ばれる可能性があります。返される値は毎回同じで変更される可能性はありません。しかしこのコードでは、呼ばれるたびにデータベースアクセスが発生します。結果をキャッシュするようにしたのが**リスト8.4**です。このように、「キャッシュがなければ取得して、あればキャッシュを返す」というのがキャッシュの基本です。

リスト8.3　毎回データベースに問い合わせているコード

```
public class ItemFinder {
    @Autowired
    private ItemRepository itemRepository;

    // 呼び出し元から何度か呼ばれる可能性があるメソッド
    // （返される値は毎回同じで、変更される可能性がない）
    public List<Item> getItems() {
        // 毎回データベースアクセス！
        return itemRepository.findByComplexQuery();
    }

}
```

リスト8.4　結果をキャッシュして2回目以降のデータベースアクセスを抑制

```
public class ItemFinder {
    @Autowired
    private ItemRepository itemRepository;
    private List<Item> items;

    // itemsがnullの場合のみデータベースから取得
    // それ以外なら取得済みのitemsを返却
    public List<Item> getItems() {
        if (items == null) {
            // 初回のみデータベースアクセス！
            items = itemRepository.findByComplexQuery();
        }
        return items;
    }
}
```

インフラを強化する

コードには一切手を入れずに、インフラを強化することでパフォーマンスの向上を図る方法もあります。たとえばJVMは常に進化を遂げています。Java 8からJava 11に仮想マシンを変更することで、起動時間が3分の1になり、全体的に10%程度応答速度が上がった例[注2]があります。

インフラを強化する例としては次のようなものがあります。

- サーバのメモリを増やす
- サーバのCPUを強化する
- サーバの台数を増やす
- 仮想マシンなどの実行環境をバージョンアップする
- 使用しているライブラリをバージョンアップする
- データベースサーバのデータ領域を高速なストレージに変更する

これらを行う場合でも、大切なのは「前後の測定」です。

8.6 パフォーマンスチューニングの指針

パフォーマンスチューニングはやみくもに行ってもうまくいきません。ここではパフォーマンスチューニングを行う際の指針を簡単に紹介します。

どのタイミングでチューニングするのがベストなの?

チューニングはどのタイミングで行うのがよいのでしょうか。開発の初期段階からパフォーマンスを意識しておく必要はありますが、早すぎるチューニングはYAGNIの精神と相反する部分もあります。ケースバイケースではありますが、次のような方針で進めるとバランスが良いでしょう。

注2 https://blog.qfotografie.de/2019/01/21/java-8-vs-java-11-benchmark-a-productive-business-application/

- **保守性を損なわずパフォーマンスが向上する場合は、常にパフォーマンスが良い方法を採用する**
  8.3節「パフォーマンスは計算量で決まる」で紹介したArrayListかLinkedListかといった選択は、ある程度は機械的に行えるはずである。このように特に保守性が損なわれない場合は、パフォーマンスが良いほうを選択すべきである
- **パフォーマンス劣化がシステムのクリティカルな問題になる箇所は、早期に計画する**
  このような箇所は初期段階からパフォーマンスの検証を行い、計画的にパフォーマンス向上を図るべきである。たとえば検索が重要なシステムで検索が遅いということは致命的なので、パフォーマンスの向上を早期に計画しておく必要がある

適切な量のテストデータを用意しよう

開発時からデータの増加量やアクセス数を予想して、実際の運用に近いデータ量でのテストを行うことはとても重要です。これを怠ると、サービス開始時は問題なくやりすごしても、1年も経てばデータも増え使いものにならないレベルにパフォーマンスが悪化することもあります。このようなことにならないためにも、適切な量のテストデータを用意して早期にパフォーマンステストを行うことをお勧めします。

また、ユーザビリティの面からもテストデータは重要です。データ量が少ないときは使いやすくても、表示項目が増えるにつれて使いにくくなる場合がよくあります。適切な量のテストデータがあれば、このような問題を早期に発見できます。

常にパフォーマンスを意識しよう

コーディングやテーブル設計、アーキテクチャの選択など、あらゆる場面で常にパフォーマンスを意識しましょう。8.3節「パフォーマンスは計算量で決まる」で紹介したReactの例でも、一見するとパフォーマンスに関係なさそうな関数の書き方が、パフォーマンスを意識することで改善できました。

8.7 まとめ

どのような場面であってもパフォーマンスを意識できるかどうかで、コードの質はずいぶん変わってきます。アルゴリズムや計算量を把握してすばやく効率的に動作するコードを書くことを目指しましょう。

第9章

ユニットテスト

9.1 テストはお好きですか?

「コードを書くのは好きだけど、テストは面倒」というのは、プログラマーとしてよくある感覚のようです。しかしながらテストをサボるとバグはなくなりませんし、バグが多いコードは良いコードとは言えません。もし、テストをすることがコードを書くのと同じ感覚で行えれば、テストの面倒さは軽減されバグも減ることでしょう。本章で紹介するユニットテストを取り入れると、プログラマーが好きな「コード」でテストを書けるようになります。

9.2 ユニットテストって何?

ユニットテストは単体テストとも呼ばれ、メソッドやクラスなどの実装コードに対して書かれるテストのことです。

以下は足し算を行うメソッドです。

```
public class Calc {
    public static int plus(int a, int b) {
        return a + b;
    }
}
```

ユニットテストを使わずに動作確認する場合は、次のようなコードを書くことになるでしょう。

ユニットテストを使わないテストコード

```
public class Main {
    public static void main(String[] args) {
        System.out.println(Calc.plus(1, 2));
        System.out.println(Calc.plus(5, -7));
    }
}
```

出力結果

```
3
-2
```

これだと、Mainクラスの出力結果を一つ一つ目で確認して、結果が正しいかどうかを人が判断する必要があります。人の目に頼っていて信頼性に欠けるうえに、とても面倒です。

これをユニットテストで書きなおしてみましょう。ここではJavaのテスティングフレームワークJUnit 5とビルドツールGradleを使います。

ユニットテストを使ったテストコード

```
public class CalcTest {
    @Test
    public void testPlus() {
        assertEquals(3, Calc.plus(1, 2));
        assertEquals(-2, Calc.plus(5, -7));
    }
}
```

出力結果（テスト成功の場合）

```
Gradle Test Executor 1 finished executing test.
...
BUILD SUCCESSFUL in 4s
```

出力結果（テスト失敗の場合）

```
CalcTest > testPlus() FAILED
    org.opentest4j.AssertionFailedError: expected: <3> but was: <-1>
...
1 test completed, 1 failed
...
FAILURE: Build failed with an exception.
```

足し算を行うCalcクラスに対してCalcTestクラスを用意し、期待値とコードの実行結果が等しいかどうかをテストします。CalcTestを実行すると、plusメソッドの戻り値が期待値と一致していればSUCCESSFUL(成功)のサインが、1ヵ所でも一致しなければFAILURE(失敗)のサインが表示されます。一つ一つの出力結果を目で確認する必要はありません。

このようにユニットテストは、非常に簡単なしくみですが効果は絶大です。テストが自動化され、何度でも実行可能になります。

9.3 代表者の声

それではユニットテストについて、代表者の声を聞いてみましょう。

●良い仕事をしたい普通のプログラマー

テストと名が付くものは学生時代から嫌いでした(>_<) プログラムのテストは主にコンソールへの出力を目視するか、ブラウザで直接画面を確認しています。リリースのたびに全パターンテストするのがいつも大変なんですよね……。

●達人プログラマーを目指す中級プログラマー

テストは当然自動化されたユニットテストっすよ。すべてのコードがきちんとテストされることを目標にしています。画面からのテストは一切やらないっすねー。ただ、リリースするとユーザーから意外とバグ報告されちゃうんですよね。画面からのテストも必要なのかなぁ。

●達人プログラマー

普通のプログラマーも中級プログラマーもテストのやり方が極端じゃのう。きちんと動作するソフトウェアのためには、どちらのアプローチも重要じゃぞ。まずは何のためのユニットテストかを意識するとよいと思うぞ。

ユニットテストはチームや人によってやり方や重要度が異なるようですね。

9.4 ユニットテストの効能

次に、ユニットテストを書いた場合のうれしいポイントを見てみましょう。

網羅的なテストを自動化できる

ユニットテストを使うと入力値や期待値を少しずつ変えながら網羅的なテストを自動実行できます。たとえば配送料金計算の処理であれば次のように書きます。

配送料計算のテスト

```
// 999円以下：250円
// 1000円以上～2000円未満：100円
// 2000円以上：無料
assertEquals(250, paymentService.getDeliveryCharges(998));
assertEquals(250, paymentService.getDeliveryCharges(999));
assertEquals(100, paymentService.getDeliveryCharges(1000));
assertEquals(100, paymentService.getDeliveryCharges(1001));
assertEquals(100, paymentService.getDeliveryCharges(1999));
assertEquals(0, paymentService.getDeliveryCharges(2000));
assertEquals(0, paymentService.getDeliveryCharges(2001));
assertEquals(0, paymentService.getDeliveryCharges(3000));
```

999円と1000円の前後、1999円と2000円の前後を中心にテストコードが書かれています。結果は即座にOKかFAILURES!!!という形で表示されます。もしユニットテストがなければ「画面から上記の条件に合うように手動で商品を購入し配送料を確認する」しかありません。仕様が変わるとテスト一式を再度画面からやりなおす必要があります。この苦労から解放されるだけでも十分にメリットがあります。

もちろん、最終的には画面からの手動テストが必須ですが、ユニットテストを十分に書いておけば手動テストの労力を大幅に軽減してくれることでしょう。

回帰テストによりコードが壊れていないことを保証できる

自動化されたユニットテストは、バッチ処理やGitHub Actions[注1]、Jenkinsなどの継続的インテグレーション(*Continuous Integration, CI*)ツールを使うことで定期的に実行できます。特にGitHub Actionsや継続的インテグレーションツールを使うと、コードのコミットと同時にすべてのユニットテストが実行され、コミットによりコードが壊されていないかどうかを自動的に発見してくれます。長期にわたって開発とリリースを繰り返すプロジェクトでは、ユニットテストがこの上ない安全装置としての役割を果たします。

設計の改善につながる

ユニットテストを書くには、「テスト対象のコードが目的の場所で使われる」こと以外に、少なくとも「テストコードから実行できる」設計になっている必要があります。これは特に、再利用可能なコンポーネントやライブラリの開発において良い設計への改善を促してくれます。

また、テスト駆動開発のように、実装コードを書く前にテストを書くことで設計を進めていく技法もあります。コードをインタフェース、つまり使い方から考える方法です。テスト駆動開発でできあがったインタフェースは、無駄のない必要最小限の設計になります。

9.5 お題　Webアプリケーションのセキュリティテスト

ユニットテストのお題としてWebベースのToDoアプリケーションを取り上げます。このToDoアプリケーションでは自分のToDoは見ることができますが、他人のToDoは見ることができません。「何を見ることができて、何を見ることができないか」というセキュリティポリシーは、Webアプリケ

注1　GitHubの機能の一つで、コミット後に自動でビルドやテストを実行できます。

ーションとして当然考慮しておくべき部分です。ところが意外と対応が漏れていたり、バグがあったりしがちな部分でもあります。ユニットテストを作成しない場合、画面からさまざまなパターンのToDoを手動登録し、他人のToDoが見えないことを確認する必要があります。ユニットテストを書けばすべてを自動化できます。

9.6

ステップ1　データベースにテストデータを登録する

ほとんどのWebアプリケーションはデータベースからデータを取得したり保存したりします。今回のToDoアプリケーションもデータベースからToDoのデータを取得するので、適切なデータがデータベースに準備された状態でテストが実行される必要があります。今回は**図9.1**のデータが初期データとして登録済みであるとします。初期データのセットアップの自動化については後述します。

9.7

ステップ2　画面の実装

今回はWebアプリケーションフレームワークとしてSpring Bootを使用します。

図9.1　テストデータベースデータ

ACCOUNTテーブル

ID	NAME
10000	User1
10001	User2
10002	User3

ToDoシートテーブル

ID	ACCOUNT_ID	CONTENT
1	10000	ToDo1
2	10001	ToDo2
3	10002	ToDo3

ToDo画面を表示する処理は次のようになります。

ToDo画面を表示する処理

```
@Controller
public class TodoController {
    @Autowired
    private TodoService todoService;

    @Autowired
    private LoginAccount loginAccount;

    @RequestMapping("/todo/{id}")
    public String index(Model model, @PathVariable("id") Integer id) {
        Todo todo = todoService.findById(id);
        // 自分のToDoのみが閲覧可能
        if (todo == null ||
            !todo.getAccountId().equals(loginAccount.getAccountId())) {
            throw new NotFoundException();
        }
        model.addAttribute("todo", todo);
        return "todo";
    }
}
```

「/todo/1」にアクセスするとindexメソッドが実行されてIDが1のToDoが表示されます。indexメソッドの先頭で対象のToDoが自分のものかどうかのチェックを行っていて、他人のToDoを閲覧しようとするとNotFoundExceptionをスローします。

9.8 ステップ3 画面のユニットテスト（正常系）

今回はSpring Bootのテスティングフレームワークを利用してユニットテストを書きます。Spring Bootのテスティングフレームワークは Javaのテスティングフレームワーク JUnit上に構築されています。

まず、先ほどのToDo画面を表示する実装コードに対する正常系のテストを作成します。正常系のテストとは、入力エラーなどが発生せず処理が正常に終了するテストのことです。

```
public class TodoControllerTest {
    @Autowired
    private MockMvc mockMvc;

    @Test
    public void testSuccess() throws Exception {
        // ❶ログインユーザーを準備（ID=10000)
        String loginAccount = new LoginAccount();
        loginAccount.setAccountId(10000);

        // ❷ログインユーザーをリクエストにセット
        RequestBuilder builder = MockMvcRequestBuilders
            .get("/todo/1")
            .sessionAttr("scopedTarget.loginAccount", loginAccount);

        // ❸コントローラを実行
        MvcResult mvcResult = mockMvc.perform(builder)
                // ❹ステータスコードは200（OK）のはず
                .andExpect(status().isOk())
                // ❺ todoの画面が表示されるはず
                .andExpect(view().name("todo"))
                .andReturn();

        // ❻Modelにセットされたtodoの中身を検証
        ModelMap modelMap = mvcResult.getModelAndView().getModelMap();
        Todo todo = (Todo) modelMap.get("todo");
        assertEquals("ToDo1", todo.getContent());
    }
}
```

❶で準備したログインしているユーザーを、❷の部分でテスト用のダミーのリクエスト生成オブジェクトにセットしてログインしている状態を作っています。❸❹❺では実際にコントローラを実行して結果を検証しています。IDが1のToDoはIDが10000のログインユーザーのものなので、閲覧できます。❻でToDoが無事取得できてそのToDoの内容は「ToDo1」のはず、というテストコードになります。

9.9 ステップ4 画面のユニットテスト(異常系)

正常系のテストができたので次は異常系のテストを追加します。異常系のテストとは、入力エラーなどで処理が正常に最後まで実行できないテストのことです。

まずは他人のToDoを閲覧しようとして、ToDoを見ることができないパターンのテストを書きます。

```
public class TodoControllerTest {
    ...
    @Test
    public void testNotFound() throws Exception {
        // ❶ログインユーザーを準備(ID=10001)
        LoginAccount loginAccount = new LoginAccount();
        loginAccount.setAccountId(10001);

        // ❷ログインユーザーをリクエストにセット
        RequestBuilder builder = MockMvcRequestBuilders
            .get("/todo/1")
            .sessionAttr("scopedTarget.loginAccount", loginAccount);

        // ❸コントローラを実行
        mockMvc.perform(builder)
                // ❹権限がないのでステータスコード404(Not Found)が
                //    発生しているはず
                .andExpect(status().isNotFound());
    }
    ...
}
```

先ほどのコードとほぼ同じですが、❶❷のログインユーザーのIDは10001としています。他人のToDoを閲覧しようとしているので、❸でコントローラを実行し、❹でその結果がステータスコード404(Not Found)になることを期待するテストです。

さらにテストメソッドを増やしていけば、「存在しないToDoにアクセスした場合」や「編集中のToDoにアクセスした場合」など網羅的なテストを行うことができます。

セキュリティなどのクリティカルな部分に対してきちんとユニットテストを書いておくことで、手動テストの手間も軽減できるうえに、思わぬセキュリティホールを減らすことができます。

9.10 ユニットテストの指針

ユニットテストを行う際の指針を、以下にまとめました。

テストのポリシーを決めておこう

今回はWebコントローラ層に対してテストを書きましたが、サービス層やデータアクセス層に対してテストを書くというアプローチもあります。すべての層に対して全力でテストを書くとテスト内容の重複が発生したり、テストの保守が大変になります。プロジェクトごとにどの程度のテストをどの層に対して書くかというポリシーを決めておく必要があります。

テストしやすい部分はどこ?

6.5節「ユーティリティクラスにまとめる」で紹介したユーティリティクラスのように、「状態を持たない処理」のテストは簡単です。最初はユーティリティクラスのメソッド単位でテストを書くようにすると、初心者は入りやすいでしょう。

テストしにくい部分はどうする?

逆に「状態を持つ処理」や「環境に依存する処理」はテストが難しいです。以下はテストが難しい処理の代表例です。

- データベースにアクセスする処理のテスト
- ほかのサービスのAPIにアクセスするテスト
- ファイルシステムを扱う処理のテスト
- メール送信処理のテスト
- スレッドなど並行処理のテスト

これらのテストは、「状態」や「環境」をテストが期待する初期状態にセットアップしてから行うか、モックオブジェクトなどでエミュレートするしかありません。それぞれの方法を簡単に見てみましょう。

❖初期データのセットアップ

本章のお題ではデータベースにアクセスするテストが出てきました。毎回テストデータを手動でセットアップしてテストを実行すれば一応期待どおりの動作をしますが、これだとユニットテストによる自動化のメリットが活かせません。幸いにもSpring Bootのデータベース初期化機構やDbUnit、Dbsetupなどのテスティングフレームワークを使えば、テストメソッドの実行前に初期データを流しこんでくれるので、期待されたデータベースの状態からテストを開始できます。

❖モックオブジェクト

ローカルのOSやファイルシステム、外部システムのAPIなど環境に依存する処理は、テストが難しいものの一つです。

たとえば次のコードは、TwitterのAPIにアクセスします。

```
// ❶Twitter APIのインタフェース
public interface TwitterAPI {
    public Tweet[] getTimeline();
}

// ❷Twitter APIへアクセスする実装コード
public class TwitterAPIImpl implements TwitterAPI {
    ... (実際のTwitterへアクセスするコード)
}
```

```
// Twitter APIを利用するコントローラクラス（テスト対象のクラス）
public class TimelineController {
    @Autowired
    TwitterAPI twitterAPI;

    @RequestMapping("/timeline")
    public String index(Model model) {
        // ここの呼び出しが環境依存
        Tweet[] tweets = twitterAPI.getTimeline();
        model.addAttribute("tweets", tweets);
        return "timeline";
    }
}
```

Twitter APIへのアクセスはTwitterに依存する処理です。たとえばTwitter上のタイムラインの情報は刻一刻と変わっていくので、常に期待したデータを取得することは不可能です。また、Twitterが落ちている場合はデータを取得できません。APIから常に期待するデータが取得できないと、テストを書くことができません。

このように環境に依存する処理は、期待するデータを常に返すモックオブジェクトを用意することでテストが可能になります。モックオブジェクトとは、テスト用の仮の実装を持たせたオブジェクトのことです。モックオブジェクトを使ったコードは次のようになります。

テストクラス

```
public class TimelineControllerTest {

    // ❸テスト用のモックTwitter APIを定義
    class MockTwitterAPI implements TwitterAPI {
        public Tweet[] tweets;
        public Tweet[] getTimeline() {
            return tweets;
        }
    }

    @Autowired
    private MockMvc mockMvc;

    @Autowired
```

```
    private TimelineController timelineController;

    @Test
    public void testTimeline() throws Exception {
        // ❹モックオブジェクトを準備
        MockTwitterAPI twitterAPI = new MockTwitterAPI();
        twitterAPI.tweets = new Tweet[]{
            new Tweet("普通のプログラマー", "寝ます……。"),
            new Tweet("中級プログラマー", "おやすみ"),
            new Tweet("達人プログラマー", "ふぉっふぉっふぉっ")
        };

        // ❺実行するアクションのTwitter APIを
        //   モックオブジェクトに入れ替え
        timelineController.twitterAPI = twitterAPI;

        // コントローラーを実行
        MvcResult mvcResult = mockMvc.perform(
                    MockMvcRequestBuilders.get("/timeline")
                )
                // ステータスコードは200（OK）のはず
                .andExpect(status().isOk())
                // timelineの画面が表示されるはず
                .andExpect(view().name("timeline"))
                .andReturn();

        // モデルにセットされたタイムラインの中身を検証
        ModelMap modelMap = mvcResult.getModelAndView().getModelMap();

        // ツイートの件数は3件のはず
        Tweet[] tweets = (Tweet[]) modelMap.get("tweets");
        assertEquals(3, tweets.length);
    }
}
```

ポイントは、「環境に依存する処理」の部分を❶のようにインタフェースで定義して、❷の実装クラス、❸のモックオブジェクトのクラスの両方で実装しているところです。これにより❹❺のように実装クラスと好きなデータを返すモックオブジェクトを入れ替えることが可能になっています。

9.11 まとめ

ユニットテストが習慣になると、テストがないコードは不安で信頼がおけなくなってくることでしょう。良いコードを保つためのシートベルトとしてテストコードを書いていきましょう。

言語別のテスティングフレームワーク　Column

それぞれの言語ごとにテスティングフレームワークが用意されています。**表9.a**に、言語別のメジャーなテスティングフレームワークをまとめました。

JUnit、PHPUnit、unittestなどはxUnitと呼ばれています。使い方は本章で紹介したJUnitとほとんど同じです。

JestはJavaScript/TypeScriptで使用できるテスティングフレームワークです。高速に動作し、ブラウザのDOMをエミュレートするテストが行えます。

RSpecは振舞駆動開発(*Behavior Driven Development, BDD*)を実現するフレームワークです。テストコードを仕様としてとらえているため、コードは次のように要求仕様に近い形で記述します。

```
# bowling_spec.rb
require 'bowling'

describe Bowling, "#score" do
  it "returns 0 for all gutter game" do
    bowling = Bowling.new
    20.times { bowling.hit(0) }
    bowling.score.should == 0
  end
end
```

minitest、testing、XCTestはそれぞれの言語の標準ライブラリに含まれているので、セットアップ不要で利用できます。

表9.a　言語別の代表的なテスティングフレームワーク

言語	名称
Java	JUnit
JavaScript/TypeScript	Jest
Ruby	RSpec、minitest
PHP	PHPUnit
Python	unittest
C	CppUTest
C#	NUnit
Go	testing
Swift	XCTest

第10章

抽象化

10.1 抽象化がプログラミングのパワーを最大化する

プログラミングで重要な概念の一つに抽象化があります。プログラミングにおける抽象化とは、「似ているものを同じように扱うことでプログラミングを簡単にすること」です。抽象化の例としては次のようなものがあります。

- 共通的な処理をまとめて親クラスを作成する
- データベースへの接続情報を設定ファイルに外だしする
- 似たような振る舞い(メソッド)をインタフェースとして抽出する

抽象化を利用することで、振る舞いが異なる大量の処理を、簡潔かつ保守性に優れたコードとして書けます。抽象化をうまく利用すれば、それこそ10,000行のコードが100行になることもあります。抽象化はプログラミングが持つパワーや醍醐味そのものです。

抽象化にはいくつかのレベルがあります。たとえば、パラメータレベルの抽象化、型の抽象化、ポリモフィズムなどです。本章は抽象化入門という位置付けで、配列／リストを利用したパラメータレベルの抽象化を扱います。内容としては初歩的で当たり前すぎるものですが、初心者の人はあまり意識的でなかったり、理解が足りていないことが多い部分でもあります。まずは初歩的な抽象化に慣れてから、より高度な抽象化に挑戦しましょう。

10.2 配列／リストって何?

配列とリストはどちらもオブジェクトの集合を格納・管理できる入れ物(コンテナとも呼ばれます)です。どちらもfor文やリスト操作のAPIなどを使い、要素を繰り返し操作していくことができます。配列とリストは似ていますが、Javaでは別物です[注1]。

注1 RubyやJavaScriptなどの配列(Array)はリストとしての特性を持っていて、特に区別されません。

配列を使った代表的なコードは次のようになります。

```
// 配列の大きさは3。あとから変更はできない！
String[] names = new String[] {"taro", "hana", "masaru"};
for (String name : names) {
    System.out.println(name);
}
```

配列はリストと比べると「大きさを簡単に変更できない」「集合を操作するAPIが貧弱」など制限が大きいのですが、リストより高速という特徴があります。

リストを使った代表的なコードは次のようになります。

```
// リストのサイズはあとから拡張可能！
List<String> names = new ArrayList<String>();
names.add("taro");
names.add("hana");
names.add("masaru");

// APIで柔軟に操作可能
names.forEach(System.out::println);
```

JavaでのリストとはCollectionやListインタフェースを実装したArrayListやLinkedList、HashSetなどを使用することを意味します。リストは配列と比べると統一的な操作用のAPIが数多くそろっているので、たいへん扱いやすいです。

配列とリストの使い分けとしては、集合の大きさが最初から決まっていてあとから変わらないのであれば配列を使うのがよいでしょう。集合の大きさが最初から決まっていない場合や集合に対して抽出や加工などの操作を行う場合は、目的に応じてCollectionやListインタフェースを実装したクラスを利用します。

10.3 配列／リストを利用した抽象化とは?

似たような処理を何度も実行する必要があるとき、ベタに書くと次のような擬似コードになることが多いのではないでしょうか。

```
処理1
  処理1-A
  処理1-B
処理2
  処理2-A
  処理2-B
処理3
  処理3-A
  処理3-B
  ...
```

似た処理を100件実行したい場合は、このようなコードが100回分続きます。ふぅ、考えただけで大変そうですね。コード量もかなりのものになりますし、保守性も低く、バグを生みやすくなります。

ベタに書いた場合、処理1と処理2は「必要なデータ」「部分的な処理」など些《さ》細《さい》な部分が異なるだけで、基本的な処理の構造や内容はほとんど同じになることが多いでしょう。

それらの違いの部分だけをうまいこと配列／リストとして抜き出しておき、共通部分の処理をループで回しながら実行することで、簡潔に処理を書くことができます。ループ構造に書き換えた場合、次のような擬似コードができあがります。

```
処理対象リスト = [データ1, データ2, データ3, ...]
ループ(処理対象リスト) {
  処理A
  処理B
}
```

これは、「違いの部分を配列／リストとして抽出した」と言うこともできますし、「共通処理を抽象化してくくり出した」と言うこともできます。視点が異なるだけでどちらも同じことを指しています。配列／リスト化してループで一気に処理を実行することで、次のメリットが生まれます。

- **重複する処理が減りバグが生まれにくい**
  重複するコードは共通部分としてまとめられるので、些細なコピー&ペーストミスなどが起きにくい
- **全体に影響する機能追加や修正を簡単に行える**
  共通の処理はループ内にまとめて存在するので、全体に影響する機能追加はループ内で一括して行える。個別に違う部分については、ループ内でif文などを使用してアドホック(その場限り)に対応するか、それぞれの処理オブジェクトで処理の違いを吸収して対応するなどの方法で実現する注2
- **処理対象が増えてもコードはほとんど増えない**
  10件でも1,000件でもコード量はほとんど変わらない

デメリットとしては、想定している抽象化のポイントを間違えると痛い目にあうという点があります。こちらに関してはあとで詳しく考察します。

10.4 代表者の声

それでは、配列／リストを使った抽象化について、代表者の声を聞いてみましょう。

●良い仕事をしたい普通のプログラマー

プログラムを書いているとitem1、item2、item3のような番号付きの変数がよく出てきます。配列とかリストを使用したらこのあたりをすっきり書けそうなんですけど……。良いパターンが知りたいです。

●達人プログラマーを目指す中級プログラマー

抽象化は大好きっす。いかに抽象化でさばくか、この1点にかけてプログラミングしているときがあります。ただ、自分は目的と手段が入れ替わりがちなので、最近は「無意味な抽象化」は避けるようにしていますよ。

注2　次章にて、ストラテジパターンを使って処理の違いを吸収する例を紹介しています。

●達人プログラマー

中級プログラマーやわしら達人プログラマーは抽象化を当たり前にできすぎていて、普通のプログラマーの悩みを理解できないことが多い気がするのう。メソッドを1つ作るのも実は抽象化なんじゃよ。今回のようなプログラムの小さな抽象化ができるようになってこそ、より大きな「オブジェクト指向」「アーキテクチャ」「システム」としての抽象化ができるようになると思うぞ。ふぉっふぉっふぉっ。

中級プログラマーがだんだん謙虚さを見せていますね。きっといろいろな失敗を通して成長したのでしょう。すばらしいことです。普通のプログラマーが言っている「連番付き変数」に似た例は、このあとのお題でも「ディレクトリの数だけ変数が増える問題」として取り上げています。

10.5 お題　画像ファイルの一覧を表示するWebアプリケーション

それではいよいよ、抽象化の過程を実際に見ていきましょう。今回のお題は、画像ファイルの一覧を表示するWebアプリケーションです。仕様は次のとおりです。

【仕様】

- ユーザーはFTPソフトを使用して画像ファイルをサーバ上の画像ディレクトリに直接アップロードする * 画像ディレクトリの場所は、Webアプリケーション直下の`/images`[注3]* Webアプリケーションは、画像ディレクトリにアップロードされているファイルの一覧を表示する（**図10.1❶**）
- 画像ディレクトリは、`animal`（動物）、`food`（食べ物）、`landscape`（風景）の3つのカテゴリに分けられている（**図10.2**）
- 画像ディレクトリごとに、ファイルサイズの合計を表示する（図10.1❷）
- 画像ディレクトリごとに、ラベルとしてディレクトリの名称を表示する（図10.1❸）

とてもシンプルな仕様のWebアプリケーションですね。では、この仕様を満たすアプリケーションをいつもの3人組に書いてもらいましょう。

注3　このようにWebアプリケーション直下に動的に画像ファイルを配置すると、アプリケーションの再デプロイ時にデータが消えてしまったり、セキュリティ上の問題（実行可能なファイルをアップロードされてしまうなど）が発生したりします。通常、このようなファイルは適切にパーミッションが付けられたデータ用のディレクトリ（たとえば`/data/images`など）に置きます。今回はサンプルということでご理解ください。

図10.1　画像ファイル一覧ページ

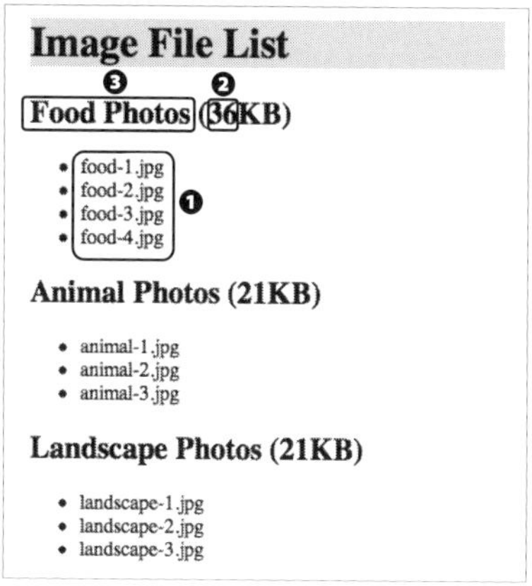

図10.2　画像のディレクトリ構成

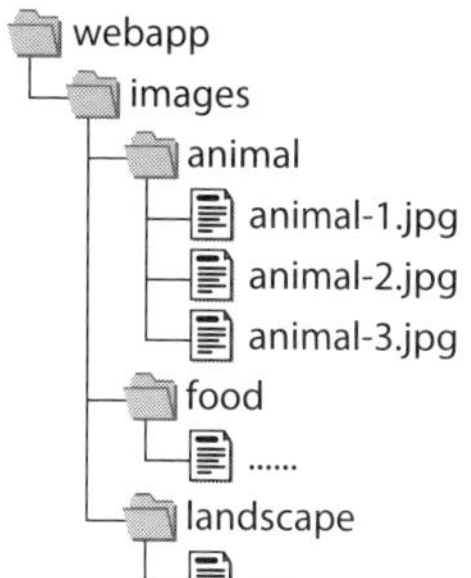

10.6 ステップ1　ベタなコードで書いてみる

まずはベタに実装してみるのじゃ。

りょうかいっす。けど、このくらいの簡単なアプリケーションなら、いきなり抽象化して考えてもよくないっすかね。

ばかもの！ この本の展開的に困るじゃろ。「まずはベタに書く」➡「それをリファクタリングしていく過程を楽しむ」がこの本のパターンじゃぞ。というわけでベタに書いてみるんじゃ。

画像ディレクトリが3つありますが、ベタに書くと**リスト10.1**のような感じになりますね。特に「ベタ」と強調して言わなくても、私はこういうベタなコードしか浮かびませんでした(>_<) メインの処理は`list`メソッドです(❶)。3つの画像ディレクトリがあるので、それぞれのディレクトリのファイルの一覧とファイルサイズの合計を計算して画面に渡す形にしました。ビューは、HTMLを生成するJavaライブラリとして人気があるThymeleaf[注4]のHTMLテンプレートで**リスト10.2**のように作成し、ファイル一覧とファイルサイズの合計を3ディレクトリ分ベタに出力しています。

なんかコードの重複が多い気がするなあ。DRY(*Don't Repeat Yourself*、重複しちゃいけないよ)[注5]に反してない？

注4　https://www.thymeleaf.org/

注5　システムのあらゆる場面で情報の重複を避けて、開発効率を上げたり、保守性を高めることです。書籍『達人プログラマー』(付録B参照)で紹介されている考え方です。本来は単純な「コードの重複」のみを指すものではありませんので、ここでの中級プログラマーのDRYの使い方は若干微妙です。単純なコードの重複の排除は「Once and Only Once」(一度だけ)と呼ばれます。

リスト10.1 ベタなコード(コントローラ)

```
@Controller
public class ImageListController {
    @Autowired
    ServletContext context;

    @RequestMapping("/list")
    public String list(Model model) {
        File[] foodFiles =
            new File(context.getRealPath("/images/food"))
            .listFiles();
        File[] animalFiles =
            new File(context.getRealPath("/images/animal"))
            .listFiles();
        File[] landscapeFiles =
            new File(context.getRealPath("/images/landscape"))
            .listFiles();

        long foodSize = sizeOfFiles(foodFiles);                      ❶
        long animalSize = sizeOfFiles(animalFiles);
        long landscapeSize = sizeOfFiles(landscapeFiles);

        model.addAttribute("foodFiles", foodFiles);
        model.addAttribute("animalFiles", animalFiles);
        model.addAttribute("landscapeFiles", landscapeFiles);
        model.addAttribute("foodSize", foodSize);
        model.addAttribute("animalSize", animalSize);
        model.addAttribute("landscapeSize", landscapeSize);
        return "list";
    }

    public long sizeOfFiles(File[] files) {
        long totalSize = 0;
        for (File file : files) {
            totalSize += file.length();
        }
        return totalSize;
    }
}
```

そうじゃのう。まずここで重複していそうなコードは太字の`new File(context.getRealPath("パス")).listFiles()`の部分じゃな。このコードは何をやっている部分かな？

対象の画像ファイルの一覧を取得しています。

そうじゃ。ここで対象の画像ファイルの一覧を取得するという処理が重複しているのが気になるのぉ。たとえばJPEG画像のみを表示するようになった場合、3つとも書き換えないといけなくなるじゃろ。単純に「コードの重複が悪」なのではなく、意味をきちんと考慮

リスト10.2 **ベタなコード（HTMLテンプレート）**

```
<html>
<body>
<h1>Image File List</h1>
<h2>
  Food Photos
  (<span th:text="${foodSize / 1024}"></span>KB)
</h2>
<ul>
  <li th:each="file : ${foodFiles}" th:text="${file.name}"></li>
</ul>
<h2>
  Animal Photos
  (<span th:text="${animalSize / 1024}"></span>KB)
</h2>
<ul>
  <li th:each="file : ${animalFiles}" th:text="${file.name}"></li>
</ul>
<h2>
  Landscape Photos
  (<span th:text="${landscapeSize / 1024}"></span>KB)
</h2>
<ul>
  <li th:each="file : ${landscapeFiles}" th:text="${file.name}"></li>
</ul>
</body>
</html>
```

していない「処理の重複」が悪なのじゃ。

今のところ、JEPG画像のみという仕様ではないので、そこまでやっちゃうとYAGNIに反しませんか!?

そうじゃな。先読みしすぎはよくないわい。しかし、この部分は「対象の画像の一覧を取得する」処理だということが、ぱっと見てわかりにくいとは思わんか。

そうですね、特にcontext.getRealPathっていうメソッド[注6]を今回初めて知ったので、それに気を取られてコードのわかりやすさまで頭が回っていませんでした。

重複コードをメソッドに切り出すことで処理のブロックに「メソッド名」=「コードの意図」を付けることができるので、コメントいらずの可読性の高いコードになることがあるぞ[注7]。普通のプログラマーよ、ちょっとやってみてくれぬか。

10.7 ステップ2 可読性を高めるためのメソッド抽出

対象の画像ファイルの一覧を取得する部分をメソッドに抽出し、getFilesというメソッドを作成しました(**リスト10.3❶**)。

たしかに何をやっているのかわかりやすくなったっすね。ついでに、sizeOfFilesメソッドはインスタンス変数にアクセスしていなかっ

注6　Servlet APIのServletContextのメソッドです。このメソッドに「コンテキストのルートパスからの相対パス」を渡すと、ファイルの絶対パスを取得できます。サーブレットコンテナの実装によってはnullが返ることがあるので注意が必要です。

注7　名前付けについては第3章を参照してください。

たので、クラスメソッドにしちゃいました[注8]。あと、特にこの画面独特のメソッドでもないから、クラスメソッドはユーティリティクラスに移動させちゃいました(**リスト10.4**)。これでどこからでもファ

注8　インスタンスメソッドをクラスメソッドにする利点については、4.6節「メソッドのスコープ」を参照してください。

リスト10.3　メソッドの抽出後(コントローラ)

```
@Controller
public class ImageListController {
    ...
    @RequestMapping("/list")
    public String list(Model model) {
        File[] foodFiles = getFiles("/images/food");
        File[] animalFiles = getFiles("/images/animal");
        File[] landscapeFiles = getFiles("/images/landscape");

        long foodSize = FileUtil.sizeOfFiles(foodFiles);
        long animalSize = FileUtil.sizeOfFiles(animalFiles);
        long landscapeSize = FileUtil.sizeOfFiles(landscapeFiles);
        ...
        return new Forward("list");
    }

    private File[] getFiles(String path) {
        File[] files = new File(context.getRealPath(path))
                           .listFiles();                      ❶
        return files;
    }
}
```

リスト10.4　メソッドの抽出後(FileUtil)

```
public class FileUtil {
    public static long sizeOfFiles(File[] files) {
        long totalSize = 0;
        for (File file : files) {
            totalSize += file.length();
        }
        return totalSize;
    }
}
```

イル一覧のファイルサイズの合計を取得する`sizeOfFiles`メソッドが利用できるっす。

かなりすっきりしてきたのう。ほかに気になるところはあるかのう。

ディレクトリの数が3つ固定という前提で作られているのが最初から気になっていたっす。4つに増えたらどうなるっすか？

たとえば、`fish`というディレクトリが増えたら、`fishFiles`と`fishSize`という2つの変数が追加されて、HTMLテンプレート側もほかのディレクトリと同じようなコードが追加されると思います。

ここはいよいよ、抽象化するしかないんじゃない?? 達人プログラマー、決断をお願いします!!

ふぉっふぉっふぉっ、そうじゃのう。抽象化して処理したほうがよいかのう。ディレクトリが増えることがあり得ないのであれば、このままでもよいのじゃが、ここでは「増える可能性も50%ぐらいある」という前提で話を進めるぞい。

じゃあ、俺が抽象化してまとめるっすよ!!

まあ、待て待て。じっくりとコードを見て、フォースを感じるのじゃ。抽象化の前にやれることがあるはずじゃぞ。

私が気になるのは、`foodFiles`と`foodSize`、`animalFiles`と`animalSize`のように、2つセットで変数が増えていく点です。うまく言えませんが、なんだかモヤモヤします。

グッドポイント。抽象化の前にデータ構造を整理しておくぞ。「ペアで管理すべき変数」が出てきたら、不吉な匂いじゃ。ほとんどの場合、それらの変数は「1つのオブジェクト」にまとめることができるはずじゃ。

そうなんですね！ ちょっとやってみます!!

10.8 ステップ3 関連するデータのデータ構造を整理

ファイル一覧とファイルサイズを保持するクラスImageFilesを作って、データ構造をまとめてみました（**リスト10.5❶**）。

変数が整理されてすごくわかりやすくなったっすね（❷）。

このように関連するデータは階層構造を持ったクラスでまとめるとよいぞ。ImageFilesに対する何らかの操作が必要になったときは、ImageFilesのインスタンスメソッドとして定義できるぞい。

たとえば拡張子を指定して、PNGファイルだけを取得する次のようなメソッドも簡単に追加できそうですね。

```
public static class ImageFiles {
    ...
    public File[] getFilesByExtension(String ext) {
        ...
    }
}
```

リスト10.5 関連データのデータ構造を整理後（コントローラ）

```
@Controller
public class ImageListController {
    @Autowired
    public ServletContext context;
```

```
    @RequestMapping("/list")
    public String list(Model model) {
        ImageFiles foodFiles = getFiles("/images/food");                  ┐
        ImageFiles animalFiles = getFiles("/images/animal");              │❶
        ImageFiles landscapeFiles = getFiles("/images/landscape");        ┘

        model.addAttribute("foodFiles", foodFiles);
        model.addAttribute("animalFiles", animalFiles);
        model.addAttribute("landscapeFiles", landscapeFiles);
        return "list";
    }

    private ImageFiles getFiles(String path) {
        File[] files = new File(context.getRealPath(path))
                           .listFiles();
        return new ImageFiles(path, files);
    }

    public static class ImageFiles {                                  ┐
        private final String path;                                    │
        private final File[] files;                                   │
        private final long sizeOfFiles;                               │
                                                                      │
        public ImageFiles(String path, File[] files) {                │
            this.path = path;                                         │
            this.files = files;                                       │
            this.sizeOfFiles = FileUtil.sizeOfFiles(files);           │
        }                                                             │
                                                                      │
        public String getPath() {                                     │❷
            return this.path;                                         │
        }                                                             │
                                                                      │
        public File[] getFiles() {                                    │
            return this.files;                                        │
        }                                                             │
                                                                      │
        public long getSizeOfFiles() {                                │
            return this.sizeOfFiles;                                  │
        }                                                             │
    }                                                                 ┘
}
```

それではそろそろ抽象化を……。

ふぉっふぉっふぉっ、やってみるがよいぞ。

りょうかいっす!!

10.9 ステップ4　配列／リスト化して抽象化

抽象化完了！ まずメインの処理の中で、共通的な部分と違う部分に着目してみました(**リスト10.6**)。違う部分は「画像ディレクトリのパス」だったので、パスの一覧を配列として持って(❶)、ループでパスを切り替えながら`ImageFiles`の生成を行うようにしたっす(❸)。データと処理を分けた感じですね。取得したデータは`List`型の変数`filesList`に保持しています(❷)。

これで対象の画像ディレクトリが追加されても、定数にパスを追加するだけで対応できますね。

HTMLテンプレートも、リストを回してデータを出力するようにしたっす(**リスト10.7❶**)。今まで「Food Photos」「Animal Photos」などの各ディレクトリのラベル文字列はHTMLテンプレートにベタに直接書いてあって、そのままではデータと一致するラベルの表示がうまくできませんでした。なので、`ImageFiles`オブジェクトにパスを保持しておき、設定ファイル(**リスト10.8**)から画像ディレクトリのパスをキーに、ラベル文字列を取得するようにしたっすよ(リスト10.7❷)。

リスト10.6 配列／リスト化して抽象化（コントローラ）

```
@Controller
public class ImageListController {
    public static final String[] PATHS = {
        "/images/food",
        "/images/animal",
        "/images/landscape"
    };                                          ❶

    @Autowired
    public ServletContext context;

    @RequestMapping("/list")
    public String list(Model model) {
        List<ImageFiles> filesList = new ArrayList<ImageFiles>();  ❷
        for (String path : PATHS) {
            filesList.add(getFiles(path));      ❸
        }
        model.addAttribute("filesList", filesList);
        return "list";
    }
    ...
}
```

リスト10.7 配列／リスト化して抽象化（HTMLテンプレート）

```
<body>
<h1>Image File List</h1>
<div th:each="files : ${filesList}">
  <h2>
    <span th:text="#{'label.' + ${files.path}}"></span>  ❷
    (<span th:text="${files.sizeOfFiles / 1024}"></span>KB)
  </h2>
  <ul>
    <li th:each="file : ${files.files}" th:text="${file.name}"></li>
  </ul>
</div>                                                    ❶
```

リスト10.8 ラベル用の設定ファイル（messages.properties）

```
label./images/food=Food Photos
label./images/animal=Animal Photos
label./images/landscape=Landscape Photos
```

ImageFilesを生成する部分、HTMLテンプレートでビューを描画する部分の2ヵ所が抽象化されてループ構造で処理できるようになったんじゃな。コードは少しだけ長くなったが、配列とリストを利用したおかげで変更に強い可読性の高いコードになったのう。君たちの今後の成長が楽しみじゃのう。ふぉっふぉっふぉっ。

10.10 抽象化の指針

ここでは一般的な抽象化の指針を紹介します。

どのタイミングで抽象化するのがベストなの?

今回の例のように簡単なものであれば、最初から抽象化しても問題ないでしょう。抽象化は、「何手先まで読めるか」「将来の変更がどの程度予想できるか」がポイントです。早すぎる抽象化や無駄な抽象化はシステムを複雑にし保守を難しくしてしまうので、良いコードとは言えません。その勘どころを知るためには、抽象化がそのあとの開発でどの程度貢献したかを振り返るとよいでしょう。その過程を繰り返すことで、判断能力や先読み能力が磨かれていきます。

コードの重複をまとめるな!?

第6章で強調した「コードの重複は悪」には、落とし穴があります。同じコードは必ずまとめたほうがよいというわけではありません。本来異なる意味合いを持っているものが「たまたま似たような処理」「たまたま似たような画面」になっていることがあるからです。これらを間違ってまとめてしまうと、あとで違いが出てきたときにif文だらけになってしまったり、コードが複雑になったりしてたいへん苦労することがあります。

よくある例として、追加画面と編集画面をまとめるか分けるか、という問題があります。たとえばユーザーの追加画面と編集画面は似ています。

ビューも処理のコードも似ていることが多いので、これらをまとめてしまいがちです。けど、ちょっと待って。追加画面と編集画面は、似ているように見えて違う場合がけっこうあるのです。たとえば、追加時にはIDの入力が必須なのに、編集時は変更不可であったり、求められる仕様自体が違う場合がよくあります[注9]。ですので、あえてまとめないほうが保守性に優れることも多いのです。

これって単なるループなんじゃない?

そのとおり！グッドクエスチョンです。単なるループも単なるメソッドも、「複数のデータ間でプログラムの構造を共有する部分を抜き出す」という意味においては立派な抽象化です。ループでまとめて処理するためには、配列／リストのデータやオブジェクトが必要なので、抽象化と配列／リストはセットで現れることがよくあります。

なお、今回は紙幅の都合もありシンプルすぎる例でしたが、これくらいシンプルなものできちんと抽象化ができてこそ、複雑な抽象化にチャレンジできるのです。

10.11 まとめ

本章では基本的すぎて無意識に行っている配列／リストを利用した抽象化について考察しました。このような基本も、よく考えを深めていくことで自分の中で定着し、意識的に有効活用できるようになっていきます。

注9　ただし、これもケースバイケースです。筆者の経験ではマスタメンテナンス画面（データベースの1テーブルに対する追加、編集、削除などの基本的なメンテナンス画面）では追加と編集に違いが少なく問題にならない場合が多く、業務情報の入力画面では追加と編集で仕様や画面遷移などが異なる場合が多いようです。

第11章

メタプログラミング

11.1 プログラミングをプログラミングする

前章まで「良いコードとは」という観点から、名前付け、スコープ、データ構造、処理の分割や抽象化といったプログラミングで必須の基礎内容を解説してきました。本章では抽象化の応用例としてメタプログラミングを取り上げます。

メタプログラミングは「プログラミングをプログラミングする」と言われますが、なんだかつかみどころがない概念に感じませんか？ 実際、「メタプログラミングとは何ですか」と聞くと、人によって回答がまちまちです。そんなメタプログラミングですが、使いこなすとたいへん強力です。

それでは、メタプログラミングについて考えを深めていきましょう。

11.2 代表者の声

まずは毎回恒例、各界の代表者にメタプログラミングについての所信表明演説をしてもらいましょう。

●良い仕事をしたい普通のプログラマー

まず「メタ」っていう言葉に抵抗感があります。なんだか黒魔術のような響きで、すごく難しいイメージがありますね。そもそも「メタ」って何ですか？ 良いコードのために本当に必要なことなんでしょうか?? 誰か教えてください!!

●達人プログラマーを目指す中級プログラマー

メタプログラミング激アツっすよ。1行で100行分ぐらいの処理が実行される感じがして気持ち良いっす。ただ、自分的には最高のDSLを用意したつもりだったのに、みんなからは使いにくいって不評だったんですよ……。なんでだろ??

●達人プログラマー

メタプログラミングは、昔から脈々と続いている達人プログラマーなら当たり前に使いこなすテクニックじゃ。感覚をつかんでしまえばそれほど難しいものではないんじゃが、利用者にとって直感的で使いやすいものを作るのはセンスと経験が必要じゃぞ。ふおっふおっふぉ。

さすがに今回は達人プログラマー以外は歯切れが悪いですね。言葉が難しく感じる、使いやすく作るのが難しいという意見が多いようです。

11.3 メタプログラミングって何?

まずは「メタプログラミングとは何なのか」を見ていきましょう。「メタ」(*meta*)は、ギリシャ語で「高次の」という意味を持ちます。普通のプログラミングを「普通に処理を並べたプログラムを書くこと」だとすると、メタプログラミングは「ある特定の問題を解決するプログラムを生み出すプログラムを書くこと」です。

これではよくわからないので、いくつか具体例を見ていきます。

コードの自動生成

プログラムを自動生成するプログラムはメタプログラムです(**図11.1**)。たとえばRuby on RailsなどのモダンなWebアプリケーションフレームワークには、ビューやコントローラを自動生成してくれる機能があります。データベースのスキーマをもとにエンティティクラスなどたくさんのコード

図11.1　**メタデータからコードの自動生成**

を自動生成してくれるライブラリも多数あります。また、Visual StudioやXcodeなどの統合開発環境で「ぽとぺた」と部品をドラッグ&ドロップするだけでGUIフォームやデータベースにアクセスできるアプリケーションを作れますが、これもマウスからの指示を入力にしたコードの自動生成であり、メタプログラムの一種です。

自動生成のうれしい点として、単純作業の繰り返しコードを書かなくてよいことや、自動生成されたコードは基本的にエラーや間違いがあり得ないことが挙げられます。

このように「コードを自動生成するプログラム」をプログラミングすることがメタプログラミングです。要件が変わった場合は「自動生成されたコードを修正する」のではなく「コードを自動生成するプログラムを修正する」ことで、自動生成されたコードが変更されるようなプログラミングスタイルになります。

DSL

ある特定の問題領域を解決するための小さな言語のことをDSL(*Domain Specific Language*、ドメイン特化言語)と言います。DSLを用いることで、問題領域のコードをベタに書くことなくプログラミングできるようになるので、DSLはメタプログラミングの一種であると言えます。

❖外部DSL

Web開発などでよく使用されるDSLとしてテンプレートエンジンがあります(**図11.2**)。テンプレートエンジンは、「HTMLを出力する」という領域を満たすテンプレート用の言語です。以下は、JavaのThymeleafというテンプレートエンジンのテンプレートファイルと変換後のHTMLです。テンプ

図11.2　外部DSLの例（テンプレートエンジン）

レートファイル内の`th:text`や`th:each`などの部分をThymeleafが解釈し、それぞれ変数の値をテキストとして出力したり、繰り返し処理を行ったりすることでHTMLを動的に出力します。

テンプレートファイル

```
<body>
<h1 th:text="${message}"></h1>
  <ul>
    <li th:each="book : ${books}">
        <span th:text="${book.name}"></span>
    </li>
  </ul>
</body>
```

変換後のHTML

```
<body>
  <h1>Hello World</h1>
    <ul>
    <li>良いコードを書く技術</li>
    <li>達人プログラマー</li>
    <li>リファクタリング</li>
  </ul>
</body>
```

Thymeleafのようにホストとなる言語(Java)とは別の言語(テンプレート内の言語)で実現するDSLを、「外部DSL」(または言語外DSL)と言います。

外部DSLとしてはXML形式の設定ファイルが利用されることがあります。以下はSpring Framework[注1]の設定ファイルです。

```
<bean id="printer" class="helper.Printer">
  <property name="printerName" value="Printer1" />
</bean>
```

XML形式の外部DSLでは、プログラム(通常はフレームワーク)がXMLを読み込み、内容を解釈しながら処理を組み立てて実行します(**図11.3**)。たとえば上記のXMLをSpring Frameworkが読み込むと、次の処理が実行されます。

注1　Spring FrameworkはJavaのフレームワークです。アプリケーションの構成をXMLの設定ファイルを使って定義します。本書でこれまで登場していたSpring Bootは、Spring Frameworkを基盤にさらに使いやすくしたフレームワークです。Spring Bootでは、XMLによる設定は基本的に使用しません。

❶helper.Printerクラスのオブジェクトを動的に作成する

❷作成したオブジェクトに対して"Printer1"を引数にsetPrinterNameメソッドを実行する

このように外部DSLは、ときとして設定ファイルと見分けがつかないことがあります。メタプログラミングの入り口としては、外部DSLを「設定ファイルに毛が生えたようなもの」くらいの軽いものとして考えてもよいのではないかと思います。ただし、実際には単なる設定ファイルではなく、プログラムの実行時に解釈されて、プログラムの動作が動的に変わっていくのがメタな部分だと言えます。

次のApacheの設定ファイルhttpd.confのように、まったくオリジナルのミニ言語を作成して外部DSLとして利用する場合もあります。このように外部DSLでは自由に構文を設定できるのがメリットですが、そのぶん言語のテキストを解釈して読み込むためのパース処理を書くコストや、オリジナル構文を新たに考えるコストが必要になります。そのため通常は、何かの言語に似せるか、JSONやYAML(*YAML Ain't Markup Language*)、XMLなどの汎用データ形式を利用することが多いです。

```
<VirtualHost _default_:80>
  RewriteEngine on
  RewriteCond %{HTTPS} off
  RewriteRule ^/(.*)$ https://%{HTTP_HOST}/$1 [R=301,L]
</VirtualHost>
```

❖内部DSL

外部DSLがあればもちろん内部DSLもあります。次は内部DSLの例を見てみましょう。以下はRuby on Railsのルーティングの定義です。

```
get '/todo/:id', :to => 'todo#show'
```

図11.3 外部DSLの例(XML)

一見、設定ファイルや独自言語のようにも見えますが、通常のRuby構文のみで表現されています。このようにホストとなる言語のみで実現するDSLを、「内部DSL」(または言語内DSL)と言います。Rubyではメソッド呼び出しの括弧が省略可能だったり、do〜endでブロックが使えたりなど、内部DSLを簡単に実現できる環境がそろっています。内部DSLはホスト言語の構文のみで実現するので、新たに独自の構文を覚える必要はありません(フレームワークの作法やAPIは覚える必要があります)。また、ホスト言語のパワーをフル活用できるので、繰り返しや分岐などの制御構造と組み合わせて使用できるといったメリットもあります。

Javaのように構文の自由度があまり高くない言語では、Rubyのような内部DSLを行うことは難しい部分があります。Javaで限定的ながら内部DSLを実現する方法としてアノテーションが挙げられます。以下はWebアプリケーションフレームワークSpring Bootのアクションメソッドに対するアノテーションです。

```
@RequestMapping("/todo/{id}", method = RequestMethod.GET)
public String show(@PathVaribable Integer id) {
    ...
}
```

これは「`/todo/{id}`というパスでGETアクセスした場合、`show`メソッドが実行される」という意味になります。設定のようでもありますが、フレームワークの挙動を変えるので内部DSLであるとも言えます(**図11.4**)。

ただ、アノテーションは利用できる箇所に制限がありますし、複雑なアノテーションは可読性が落ちてしまうので、上記の例のようにフレームワークにメタ的な情報を渡したり、フレームワークに対する目印を付けたりといったシンプルな利用形態が多いです。

図11.4　内部DSLの例(アノテーション)

また、Javaでも「流れるようなインタフェース」[注2]を利用することで、もう少し言語っぽい内部DSLを実現できます。

注2 「流れるようなインターフェース」(Martin Fowler's Bliki)
https://bliki-ja.github.io/FluentInterface/

流れるようなインタフェースとstaticインポートによる内部DSL

Column

JPA(*Java Persistence API*)やEasyMockなどのフレームワークでは、「流れるようなインタフェース」を利用した可読性の高いAPIを提供しています。

以下はJPAのコードです。

```
CriteriaBuilder cb = entityManager.getCriteriaBuilder();
CriteriaQuery query = cb.createQuery(Person.class);
Root root = query.from(Person.class);
List results = entityManager
    .createQuery(
        query.where(cb.equal(root.get("name"), "Taro"))
    )
    .getResultList();
```

以下はEasyMockのコードです。

```
expect(mock.voteForRemoval("Document"))
    .andReturn((byte) 42).times(3)
    .andThrow(new RuntimeException(), 4)
    .andReturn((byte) -42);
```

上記のコードを薄目で見て、括弧とドットがないものとして考えてみてください。まるで独自のミニ言語(DSL)のように見えませんか? このように流れるようなインタフェースを用いると、Javaなどの静的言語では難しい内部DSLを実現できます。通常のメソッド呼び出しのみで実現できるため、統合開発環境のコードアシスト機能を使ってさくさくコーディングができるという副次的なメリットもあります。

ただし、流れるようなインタフェースを使いやすく作るには、API設計のセンスが必要で、設計にも時間がかかります。慎重に検討して、ポイントを押さえて導入するのがよいでしょう。

また、流れるようなインタフェースと同様に、6.5節「ユーティリティクラスにまとめる」で解説したstaticインポートも、内部DSLっぽい記述を実現する際によく活用されます。上記のEasyMockの**expect**メソッドがstaticインポートされたメソッドです。

11.4 お題　Javaコードを使った内部DSL

今回はDSLの例としてJavaコードを使った内部DSL風のミニフレームワークを作成してみます。

固定長電文解析処理をDSLで処理する

具体的なお題は「固定長電文解析処理」です。固定長電文とはあらかじめ決められた長さでデータを保持するデータフォーマットのことです。メインフレームの時代から、固定長フォーマットの電文が利用され続けてきました。現在でも固定長電文はデータ交換で使われるフォーマットです。Javaには固定長電文を解析する標準APIがありませんので、自作する必要があります。そこで今回は、固定長電文の解析にJavaコードによる内部DSLを適用します。

例で使用する固定長電文は**図11.5**のようなものです。読みやすいように改行を入れていますが、実際はすべてつながって1行になっています。

表11.1が電文のフォーマットやルールを記述した電文仕様書です。電文仕様書には、先頭から8バイトが送信日で、9バイト目からの10バイトがユーザー名であるといった情報や、空白除去、データの型といった変換ル

図11.5　固定長電文

```
20110501user1     user1@example.com      10
20110501user2     user2@example.com       0
20110501user3     user3@example.com     100
20110502user4     user4@example.com      80
20110502user5     user5@example.com      55
```

表11.1　電文仕様書

No	データ名称	開始	バイト数	変換ルール
1	送信日	1	8	Date型に変換(toDate)
2	ユーザー名	9	10	両端空白除去(trim)
3	メールアドレス	19	20	両端空白除去(trim)
4	ポイント	39	5	両端空白除去(trim)、Integer型に変換(toInteger)

ールが記載されています。この仕様書をもとに固定長電文を解析してから、目的の処理(たとえば「データベースにデータ追加する」など)を行います。

11.5 ステップ1　ベタなコードで書いてみる

内部DSLを使わずにベタにコードを書くと、**リスト11.1**のようになります。

まず❶で固定長電文のファイルを読み込み、バイト配列に変換しています。バイト配列はそのままでは「配列の一部を取り出す操作」などが面倒です。そのため❷❸でByteArrayという自作ユーティリティクラスを使用して、バイト配列を扱いやすくラップしています。

parseメソッドはデータの読み込み処理です。データがなくなるまで読み込み処理を繰り返します。❹でそれぞれのデータ項目のサイズだけ順番にデータを読み込んでいます。同時にDate型への変換(toDate)や両端空白除去(trim)、Integer型への変換(toInteger)を行っています。❺で1件分のデータを標準出力に出力しています。

実際に実行すると**図11.6**の出力が得られます。

考察　インナークラスを使っているのはなぜ?

MessageParserはインナークラスとして実装されています。クラスを使

リスト11.1 ベタなコード

```
...
public static void main(String[] args) throws Exception {
    byte[] messages = FileUtils.readFileToByteArray(   ┐❶
        new File("data.txt"));                         ┘
    MessageParser parser = new MessageParser(messages); ―❷
    parser.parse();
}

private static class MessageParser {
    private int index = 0;
    private final ByteArray bytes;
```

```
    public MessageParser(byte[] bytes) {
        this.bytes = new ByteArray(bytes);      ❸
    }

    public void parse() {
        while (index < bytes.getLength() - 1) {
            Map<String, Object> record = new HashMap<>();
            record.put("送信日", toDate(getString(8)));
            record.put("ユーザー名", trim(getString(10)));
            record.put("メールアドレス", trim(getString(20)));      ❹
            record.put("ポイント", toInteger(trim(getString(5))));

            System.out.println(record); ―❺
        }
    }

    private String getString(int length) {
        String value = bytes.getString(index, length);
        index += length;
        return value;
    }

    private static Integer toInteger(String value) { ... }

    private static String trim(String value) { ... }

    private static Date toDate(String value) { ... }
}
...
```

図11.6　**実行結果**

```
{送信日=Sun May 01 00:00:00 JST 2011, ポイント=10, ユーザー名=user1,
メールアドレス=user1@example.com}
{送信日=Sun May 01 00:00:00 JST 2011, ポイント=0, ユーザー名=user2,
メールアドレス=user2@example.com}
{送信日=Sun May 01 00:00:00 JST 2011, ポイント=100, ユーザー名=user3,
メールアドレス=user3@example.com}
{送信日=Mon May 02 00:00:00 JST 2011, ポイント=80, ユーザー名=user4,
メールアドレス=user4@example.com}
{送信日=Mon May 02 00:00:00 JST 2011, ポイント=55, ユーザー名=user5,
 メールアドレス=user5@example.com}
```

う理由は、バイト配列の現在の読み込み位置である変数indexをインスタンス変数として保持したいからです。

もしクラス化せずにローカル変数で保持しようとすると、次のようなコードになるはずです。

```
Map<String, Object> record = new HashMap<>();
record.put("送信日", toDate(bytes.getString(index, 8)));
index += 8;
record.put("ユーザー名", trim(bytes.getString(index, 10)));
index += 10;
```

これでは常に読み込み位置の状態(index)を呼び出し元で管理する必要があるので、とても面倒です。

別の方法として、自作のByteArrayクラス自体に現在の読み込み位置を保持する機構を持たせるという手もあります。その場合、呼び出し元は何バイト目まで読み込んだのかを知る必要がありません。データの読み込みはバイト数を指定するだけでよくなり、ローカル変数で読み込み位置を保持するよりもカプセル化が進んだ良い状態となります。その際のクラス名はByteArrayではなくByteReaderに、メソッド名はgetStringではなくreadAsStringにするなど、より適切な名前にリファクタリングしたほうがよいでしょう[注3]。コードは次のようになります。

```
ByteReader reader = new ByteReader(bytes);
String sendedDate = reader.readAsString(8);
String userName = reader.readAsString(10);
```

11.6 ステップ2 メタデータを内部DSLに移動する

リスト11.1はベタに書かれていて、シンプルでわかりやすいコードになっていますね。今回指定された仕様ぐらいであれば、このコードは十分に

注3　名前付けについては第3章を参照してください。

良いコードです。めでたしめでたし……だと話が終わってしまうので、もう少しいろいろな状況を考えてみましょう。

今回は電文内のデータ項目は4種類(送信日、ユーザー名、メールアドレス、ポイント)ですが、今後項目が違うパターンの電文にも対応していく必要があります。そのような場合、リスト11.1❹のデータを読み込む処理部分が変わるのですが、このままでは全体をコピーして作成する必要があり、保守が大変になりそうです。ですのでステップ2以降では、「電文データ仕様の定義」と「電文データの読み込み処理」を分けます。そのうえで、電文データ仕様の定義をメインのプログラムの外側から設定できるようにして、処理が実行されるように書き換えましょう。プログラミングをプログラミングするメタプログラミングの開始です。

ステップ2ではメタプログラミングの下準備を行います(**リスト11.2**)。リスト11.2では、「電文データの読み込み処理」を「電文データ仕様の定義」をもとに組み立てています。ステップ2では両端空白文字の除去やデータ型の変換など「データの変換処理」は組み込まず、ステップ3で取り上げます。

まず❷のFieldクラスはデータ項目ごとに定義を保持するための入れ物です。「データ項目名」と「(データ項目読み込み)バイト数」を保持します。❶では項目ごとの電文データ仕様の定義を設定しています。❸のdefineメソッドではFieldオブジェクトを受け取り、リストに追加しています。戻り値が自分自身(MessageParser)になっているのがポイントです。これにより、❶のようにドットでつないで、複数件の電文データ仕様の定義を流れるように設定していくことができます。

このコードのポイントが❹です。ステップ1では4つのデータ項目の数だけ処理を逐一書いていましたが、ここでは「事前に設定された電文データ仕様の定義の数だけ」データを読み取っています。先頭のfor文で定義されたデータ項目の回数分の処理を繰り返します。

リスト11.2 **メタデータを内部DSLに移動したコード**

```
...
public static void main(String[] args) throws Exception {
    byte[] messages = FileUtils.readFileToByteArray(
        new File("data.txt"));
```

```
    MessageParser parser = new MessageParser(messages)
        .define(new Field("送信日", 8))
        .define(new Field("ユーザー名", 10))              ❶
        .define(new Field("メールアドレス", 20))
        .define(new Field("ポイント", 5));
    parser.parse();
}

private static class Field {
    public final String name;
    public final int length;

    public Field(String name, int length) {          ❷
        this.name = name;
        this.length = length;
    }
}

private static class MessageParser {
...
    private List<Field> fields = new ArrayList<Field>();
...
    public MessageParser define(Field field) {
        this.fields.add(field);                      ❸
        return this;
    }

    public void parse() throws Exception {
        while (index < bytes.getLength() - 1) {
            Map<String, Object> record = new HashMap<>();
            for (Field field : fields) {
                String name = field.name;              ─❺
                int length = field.length;             ─❻   ❹
                String value = getString(length);      ─❼
                record.put(name, value);               ─❽
            }
            System.out.println(record);
        }
    }
...
}
...
```

❺❻では電文データ仕様の定義に設定された「データ項目名」「(データ項目読み込み)バイト数」を取得し、取得した情報をもとに❼で電文を読み込みます。最後に❽で「データ項目名」をキーとしてデータ1件分を保持する変数reocrdにデータを追加しています。ここではいったん型はすべて文字列型として扱うことにします。

さて、ステップ1と比べて劇的に変わったことがあります。それは電文データ仕様の定義の部分を変更するだけで、「さまざまな電文フォーマットに対応できるようになった」ことです。たとえばデータ項目として「年齢」が追加されたとしても、電文データの読み込み処理自体(MessagerParser)のコードの書き換えは発生しません。「年齢」の定義を電文データ仕様の定義として1行追加するだけで、挙動を追加できます。今回の電文は「ユーザー情報」を扱ったものですが、「オーダー情報」「商品マスタ」などの電文解析が発生しても、それらに対応した電文データ仕様の定義を設定すればよく、やはり電文データの読み込み処理部分のコードの変更は発生しません。

このようにメインの処理のプログラムを書かなくても、メタデータ(今回は電文データ仕様の定義)を用意するだけでプログラムが書かれたかのようになるのがメタプログラミングです。

考察　メタデータって何?

メタデータはメタ情報とも言われ、メタなデータ、すなわち「データに関するデータ」のことです。これは「普通のプログラミング」と「メタプログラミング」の関係に似ています。今回の例で言うと「電文そのもの」が普通のデータで、「電文データ仕様の定義」(defineで追加している情報)がメタデータです。データベースの定義情報やHTMLのmeta要素などはメタデータの一種です。

11.7 ステップ3　変換ルールに対応する

ステップ3では読み取ったデータの変換処理を組み込みます。変換ルールはデータ項目に応じて異なるので、変換ルール自体も定義として追加できるようにします。

動的なデータの変換処理の下ごしらえとして、変換ルール用のConverterというインタフェースを用意し、変換ルールごとにConverterを実装するクラスを用意します(**リスト11.3〜11.6**)。ここでは実装クラスとしてIntegerConverter、DateConverter、TrimConverterの3つを作成しました。これらはステップ1のクラスメソッドtoInteger、toDate、trimの処理をク

リスト11.3 変換ルール用のインタフェース(Converter)

```
public interface Converter {
    Object convert(Object value);
}
```

リスト11.4 変換ルール実装クラス(IntegerConverter)

```
public class IntegerConverter implements Converter {
    public Object convert(Object value) {
        return Integer.parseInt(value.toString());
    }
}
```

リスト11.5 変換ルール実装クラス(DateConverter)

```
public class DateConverter implements Converter {
    public Object convert(Object value) {
        try {
            return new SimpleDateFormat("yyyyMMdd")
                .parse(value.toString());
        } catch (ParseException e) {
            throw new RuntimeException(e);
        }
    }
}
```

リスト11.6 変換ルール実装クラス(TrimConverter)

```
public class TrimConverter implements Converter {
    public Object convert(Object value) {
        return value.toString().trim();
    }
}
```

ラス化したものです。

次に、Fieldクラスに「変換ルール」を保持するインスタンス変数を追加し、コンストラクタで変換ルールを設定できるようにし、電文データ仕様の定義時に変換ルールを指定できるようにします（**リスト11.7**）。そして**リスト11.8**の❶で、今までの項目名、バイト数の定義に加えて、データ項目ごとの変換ルールを指定しています。

最後に、定義済みの変換ルールを適用するコードを追記します（**リスト11.9**）。❶でFieldに設定された「変換ルール」のオブジェクトを取得しています。そして❷でその変換ルールを適用して項目の値を変換しています。

このように変換ルールを事前に定義できるようにすることで、メインの読み込み処理のコードには具体的な変換処理を書くことなく、動的にプログラムを実行できるようになりました。今後、変換クラスの種類が増えても、電

リスト11.7　変換ルールを保持できるようにしたコード（Field）

```
private static class Field {
    ...
    public final Converter converter;

    public Field(String name, int length, Converter converter) {
        ...
        this.converter = converter;
    }
}
```

リスト11.8　変換ルールを設定（mainメソッド）

```
...
public static void main(String[] args) throws Exception {
    byte[] messages = FileUtils.readFileToByteArray(
        new File("data.txt"));
    MessageParser parser = new MessageParser(messages)
        .define(new Field("送信日", 8, new DateConverter()))            ┐
        .define(new Field("ユーザー名", 10, new TrimConverter()))       │❶
        .define(new Field("メールアドレス", 20, new TrimConverter()))   │
        .define(new Field("ポイント", 5, new IntegerConverter()));      ┘
    parser.parse();
}
...
```

文データの読み込み処理部分のコードは書き換える必要がありません。

ストラテジパターン

この例のように、処理のロジックを交換可能にして拡張性や保守性を高める手法のことを、デザインパターンでは「ストラテジパターン」と呼びます。ストラテジパターンでは、特定のロジック(例では値の変換処理)を外部から引き渡して実行します。ロジックを実行するオブジェクトはリフレクションを使って動的に生成することが多いです。

考察　複数の変換パターンを適用したい場合は?

ステップ3のコードには、適用できる変換ルールは1つのみという制限があります。ですので、ステップ1では実現できている「両端空白除去＋

リスト11.9 変換ルールを使用したコード(MessageParser)

```
...
private static class MessageParser {
...
    public void parse() throws Exception {
        while (index < bytes.getLength() - 1) {
            Map<String, Object> record = new HashMap<>();
            for (Field field : fields) {
                String name = field.name;
                int length = field.length;
                String value = getString(length);
                Converter converter = field.converter;         ―❶
                Object newValue = converter.convert(value);    ―❷
                record.put(name, newValue);
            }
            System.out.println(record);
        }
    }
...
}
...
```

Integer型への変換」といった複雑なことが実現できません。

解決策としては、1つのデータ項目定義(Field)に変換ルールを複数保持できるようにします(**リスト11.10**)。そして、変換処理を行うコードでは設定された変換ルールを順番に適用します(**リスト11.11**)。特殊な要件がなければ、これはシンプルな解決策だと思います。

考察　変換ルールに引数を追加したい場合は?

ステップ3の日付の変換ルールは「yyyyMMdd」で固定です(yyyyは年、MMは月、ddは日を表す)。そのため「日付の変換ルールの細かいカスタマイズができない」という問題があります。たとえば、日付型へ変換する際に、「yyyy-MM-dd」など任意の日付パターンを利用したいことがあります。

リスト11.10 **変換ルールを複数保持**

```
private static class Field {
    ...
    public final List<Converter> converters;

    public Field(String name, int length, Converter ...converters) {
        ...
        this.converters = List.asList(converters);
    }
}
```

リスト11.11 **複数の変換ルールを適用**

```
...
for (final Field field : fields) {
    ...
    Object value = getString(length);

    // 複数の変換ルールを順番に適用していく
    for(Converter converter : field.converters) {
        value = converter.convert(value);
    }
    record.put(name, value);
}
...
```

解決策としては、DateConverterに日付パターンを引数で受け取るコンストラクタを作成して、電文データ仕様の定義時に指定できるようにします(**リスト11.12〜11.13**)。

考察　DSLの構文を改善するには?

現状のDSLの構文は冗長で言語っぽくありません。

現状の構文

```
MessageParser parser = new MessageParser(messages)
    .define(new Field("送信日", 8, new DateConverter()))
    .define(new Field("ユーザー名", 10, new TrimConverter()))
    .define(new Field("メールアドレス", 20, new TrimConverter()))
    .define(new Field("ポイント", 5, new IntegerConverter()));
parser.parse();
```

構文を変更することで直感的で使いやすく改善できます。いくつか改善

リスト11.12 日付パターンを指定できるようにした日付の変換ルール

```
public class DateConverter implements Converter {
    private final String pattern;
    public DateConverter(String pattern) {
        this.pattern = pattern;
    }

    public Object convert(Object value) {
        try {
            return new SimpleDateFormat(pattern).parse(value.toString());
        } catch (ParseException e) {
            throw new RuntimeException(e);
        }
    }
}
```

リスト11.13 日付パターンを指定して定義

```
...
MessageParser parser = new MessageParser(messages)
    .define(new Field("送信日", 10, new DateConverter("yyyy-MM-dd")))
...
```

策を検討してみましょう。

❖コンストラクタをなくす

Fieldクラスや各種Converterクラスはnewする必要があり、「new」のぶんだけ冗長です。そこで、コンストラクタ代わりのstaticメソッドを追加し、staticインポートでメソッドを直接呼び出せるようにします。

```
class Converters {
    // staticインポート対象のコンストラクタのショートカットメソッド
    public static Converter date() {
        return new DateConverter();
    }
    ...
}

class Fields {
    // staticインポート対象のコンストラクタのショートカットメソッド
    public static Field field(
        String name, int lenght, Converter ...converters) {
        return new Field(name, length, converters);
    }
}
```

こうすることで、次のようにnewをなくし、簡潔に記述できます。

```
import static goodcode.advanced.Converters.date;
import static goodcode.advanced.Field.field;
...
// newなしでFieldやConverterのオブジェクトを生成
MessageParser parser = new MessageParser(messages)
    .define(field("送信日", 8, date()))
    .define(field("ユーザー名", 10, trim()))
    .define(field("メールアドレス", 20, trim()))
    .define(field("ポイント", 5, trim(), integer()));
parser.parse();
```

❖もっとDSLっぽくする

構文をあえて英語に近付けてDSLっぽくすることもできます。変換ルールの設定をtoというメソッドで表現して設定できるようにした場合、次のようになります。

```
import static goodcode.advanced.Converters.date;
...
MessageParser parser = new MessageParser(messages)
    .define(field("送信日", 8).to(date()))
    .define(field("ユーザー名", 10).to(trim()))
    .define(field("メールアドレス", 20).to(trim()))
    .define(field("ポイント", 5).to(trim(), integer()));
parser.parse();
```

ただし、DSLっぽくすることが目的になる必要はなく、理解しやすいか、保守しやすいかの観点が重要です。今回の例で言うと、toメソッドを追加するメリットはあまりないでしょう。

DSLを取り入れた開発では、このように必要に応じて構文を拡張し、成長させるスタイルがお勧めです。

考察　DSLのテストはどうする?

このように「メインのプログラムの外側」にプログラムの一部(電文データ仕様の定義)が移った場合、テストの範囲はどのようにすればよいのでしょうか。筆者は、プログラムの外側も含めたユニットテストを書いてアプリケーションの動きをチェックすることが多いです。今回の例で言うと、実際の電文データ仕様の定義を設定済みのMessageParser#parseメソッドに対するテストを書くのがよいでしょう。これは「電文データ仕様の定義」に対するテストを書くという意味になります。

考察　DSLのデバッグはどうする?

DSLには、エラーが発生した場合に原因がわかりにくいという問題があります。そのため、発生場所や原因をきちんと通知するエラー処理をフレームワーク側で行うのがポイントです。たとえば「バイト数」の値が0やマイナスの場合、次の詳細メッセージを持つ例外をスローするとよいでしょう。

```
バイト数は1以上の値を設定してください。: 設定されたバイト数=0
```

考察　これはフレームワーク? それともDSL?

今回のサンプルはフレームワークでしょうか? これはフレームワークです。ではDSLでしょうか? これは意見が分かれるかもしれませんが、筆者はライトなDSLだと思っています。フレームワークとDSLとの境界線はあいまいです。「フレームワーク構築にDSLを用いると便利」という認識で問題ないでしょう。フレームワーク構築については次章で詳しく紹介します。

11.8 まとめ

本章ではメタプログラミングの適用例として、Javaコードによる内部DSLを取り上げました。普段のプログラミングとは直接関係がなさそうなメタプログラミングですが、このように意外と身近に存在しているのです。

第12章

フレームワークを作ろう

12.1 フレームワークの動作原理を知る

フレームワークとは、アプリケーション作成で必要とされる汎用的な機能をまとめて、再利用できるようにしたライブラリのことです。みなさんがWebアプリケーションを作るとき、Spring BootやRuby on RailsなどのWebアプリケーションフレームワークを利用することが多いかと思います。フレームワークを使うことで定型的で冗長なコードが一掃でき、アプリケーションロジックに集中してプログラミングできます。

本章では簡単なWebアプリケーションフレームワークの作成を通して、フレームワークの動作原理を知り、本格的な抽象化と再利用可能なフレームワーク作成のポイントを紹介します。

12.2 代表者の声

プログラマーの中には、フレームワークが好きな人、嫌いな人、いろいろいるようです。代表者の方のフレームワークに対する意見を聞いてみましょう。

●良い仕事をしたい普通のプログラマー

仕事ではよくフレームワークを使っています。リーダーに「BaseControllerクラスを継承して、ここの部分に処理を書いておいて」って指示されるんですけど、いつもは言われるがままに書いているだけで、実はしくみがよくわかっていません。フレームワークを使っていると言うよりはフレームワークに使われている気分です。しくみがわかるともっと楽しくプログラミングできるのかなぁ……。

●達人プログラマーを目指す中級プログラマー

良いフレームワークがないときは自分で作っちゃいます。そのほうが中身がわかっているし、自由に変更もできるのでやりやすいっすよ。去年はWebアプリケーションフレームワークを3つ作っちゃいました(笑)。車輪の再発明じゃないからね!! 自分の成長になるから、これはこれでいいっしょ!?

●達人プログラマー

最近はフレームワークを使うと言うよりは、メタなプログラムを書くことが多いのう。その結果、フレームワークのようなしくみができあがっていることが多くなってきたわい。昔は失敗しながらフレームワークを作ったもんじゃが、その経験は十分な糧になっておるのう。それから普通のプログラマーよ、フレームワークに使われているだけでは、プログラマーとして危険じゃぞ。時にはフレームワークを使わずにゼロからプログラムを作るという経験もしておくこと。それが超重要なんじゃ。

普通のプログラマーの「フレームワークに使われている」という感想に共感する人も多いと思います。実際にフレームワークを作ってみないとわからないことが多そうです。フレームワークを作ってみて、「使われている」状態から「使いこなす」状態を目指しましょう。

12.3 お題　Webアプリケーションフレームワークを作ろう

今回はお題として簡単なWebアプリケーションフレームワークを作成します。ポイントは、「アプリケーションありきでフレームワークを作る」ことです。ですので最初にフレームワークなしでWebアプリケーションのコードをある程度書きます。次にそのコードから共通的な部分をフレームワークとして抽出していきます。このほうが、最初にがっちり設計するよりも、簡潔で無駄のない「使えるフレームワーク」を作れることが多いです。

今回はアプリケーションコードとしてToDoリストを表示するアプリケーションを使います。アプリケーションの構成は**図12.1**です。ログイン画面でログインを行い、ログインに成功すると一覧画面が表示されるという非常に簡単なアプリケーションです。

それでは、このアプリケーションとフレームワークをいつもの3人組に書いていってもらいましょう。

図12.1 Webアプリケーションの構成

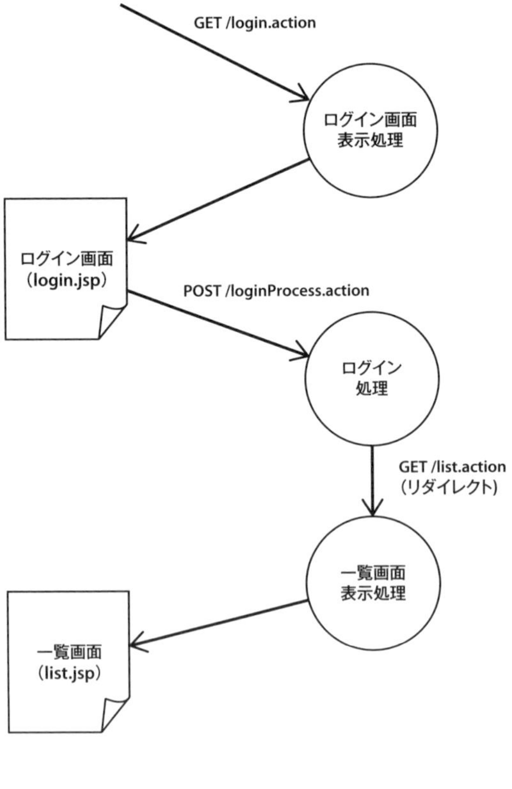

12.4 ステップ1 素のサーブレットで書いてみる

今回はWebアプリケーションフレームワークを作るということですが、本当に私なんかがフレームワークを作れるのでしょうか？ 正直言ってかなり不安です……。

そうよのう、いきなりフレームワークを作れと言われても難しいじゃろうな。まずはフレームワークを使わずに素のサーブレットのみでToDoアプリケーションを作成してみるんじゃ[注1]。2人でやってみてくれぬか。

今どき素のサーブレットってなかなか書かないよなー。とりあえず「ログイン画面表示処理」「ログイン処理」「一覧画面表示処理」をサーブレットで書いてみるか。クラス図は**図12.2**、各サーブレットのコードは**リスト12.1～12.3**、`web.xml`の設定は**リスト12.4**ようになったっす[注2]。

注1　正確に言うとサーブレット自体がWebのフレームワークです。ただ、素のサーブレットだと冗長だったりテストが難しかったりするので、Spring BootなどもっとL便利なWebアプリケーションフレームワークがサーブレットの上に実装されています。

注2　実はServlet API 3.0で`web.xml`の記述は不要になり、アノテーションで簡単に設定できるようになっています。本章ではフレームワークの動作原理を理解するという目的で、あえてweb.xmlの設定が必要という前提で話を進めます。

図12.2　ステップ1のクラス図

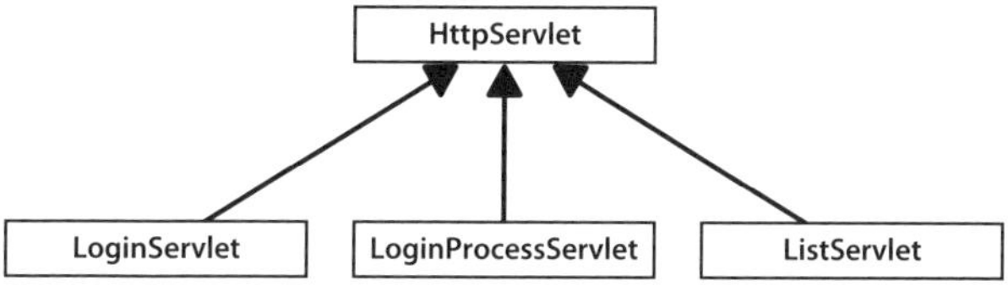

リスト12.1 ログイン画面表示処理(LoginDisplayServlet)

```
public class LoginDisplayServlet extends HttpServlet {
    @Override
    protected void doGet(
            HttpServletRequest req, HttpServletResponse res)
            throws ServletException, IOException {
        req.getRequestDispatcher("/login.jsp").forward(req, res);
    }
}
```

リスト12.2 ログイン処理(LoginProcessServlet)

```
public class LoginProcessServlet extends HttpServlet {
    @Override
    protected void doPost(
            HttpServletRequest req, HttpServletResponse res)
            throws ServletException, IOException {
        String loginId = req.getParameter("loginId");
        String password = req.getParameter("password");
        req.setAttribute("loginId", loginId);
        req.setAttribute("password", password);

        if (loginId == null || loginId.length() == 0) {
            req.setAttribute("errorMessage", "ログインIDは必須です");
            req.getRequestDispatcher("/login.jsp").forward(req, res);
            return;
        }
        if (password == null || password.length() == 0) {
            req.setAttribute("errorMessage", "パスワードは必須です");
            req.getRequestDispatcher("/login.jsp").forward(req, res);
            return;
        }
        if (!(loginId.equals("user1")
            && password.equals("password"))) {
            req.setAttribute("errorMessage",
                "ユーザーIDまたはパスワードが一致しません");
            req.getRequestDispatcher("/login.jsp").forward(req, res);
            return;
        }
        res.sendRedirect(req.getContextPath() + "/list.action");
    }
}
```

リスト12.3　一覧画面表示処理（ListDisplayServlet）

```
public class ListDisplayServlet extends HttpServlet {
    @Override
    protected void doGet(
            HttpServletRequest req, HttpServletResponse res)
            throws ServletException, IOException {
        // ToDoリストの作成、実際はデータベースなどから取得する
        List<Todo> todoList = new ArrayList<Todo>();
        todoList.add(new Todo("原稿を仕上げる", "締め切りは6/1"));
        todoList.add(new Todo("髪を切る", "パーマかけようかな"));
        req.setAttribute("todoList", todoList);
        req.getRequestDispatcher("/list.jsp").forward(req, res);
    }
}
```

リスト12.4　web.xml

```
...
  <servlet>
    <servlet-name>LoginDisplayServlet</servlet-name>
    <servlet-class>app.servlet.LoginDisplayServlet</servlet-class>
  </servlet>
  <servlet>
    <servlet-name>LoginProcessServlet</servlet-name>
    <servlet-class>app.servlet.LoginProcessServlet</servlet-class>
  </servlet>
  <servlet>
    <servlet-name>ListDisplayServlet</servlet-name>
    <servlet-class>app.servlet.ListDisplayServlet</servlet-class>
  </servlet>
  <servlet-mapping>
    <servlet-name>LoginDisplayServlet</servlet-name>
    <url-pattern>/login.action</url-pattern>
  </servlet-mapping>
  <servlet-mapping>
    <servlet-name>LoginProcessServlet</servlet-name>
    <url-pattern>/loginProcess.action</url-pattern>
  </servlet-mapping>
  <servlet-mapping>
    <servlet-name>ListDisplayServlet</servlet-name>
    <url-pattern>/list.action</url-pattern>
  </servlet-mapping>
...
```

おおっ、さすがに中級プログラマーは早いのう。さて、素のサーブレットでWebアプリケーションを書いてみて、何か冗長なところや重複などに気が付いた点はないかのう。

私も少し手伝ったんですけど、web.xmlにサーブレットの定義を書くのが面倒でした。1つのサーブレットに対してservlet要素、servlet-mapping要素のペアを毎回書く必要があったので……。要素をコピー＆ペーストしていると何回か間違えてしまいました。

サーブレットが100個ある場合、200個の定義を書かかないといけないもんな。こういう単純な作業、俺は超苦手なんだよなー。なので、まずはこの部分を改善してみようぜ。

そうじゃのう。web.xmlへのサーブレット定義の簡略化は、JavaのWebアプリケーションフレームワークではよく行われていることじゃ。まずはここを簡略化してみるかのう。

12.5 ステップ2　フロントコントローラとアクションクラスの導入

サーブレットを複数登録しなくてもよいようにするには、どうすればいいんですか？

すべてのリクエストを単一のサーブレットで受けて、リクエストのパスから処理を決定すればいけるよ。

へー、そういうことができるんですね。具体的にはどうすればいいんですか？

web.xmlで**リスト12.5**の太字部分のようにurl-pattern要素に*.actionを指定して、.actionが付くリクエストでDispatcherServletが呼ばれるようにすればオッケー。

すべての処理を受け取るサーブレットのことを、デザインパターンではフロントコントローラと呼んだりするんじゃ。フロントコントローラはすべてのリクエストを受け取って、リクエストの情報から個々の処理を決定して呼び出すのが仕事じゃ。

DispatcherServletのコードは**リスト12.6**っす。まずGETもPOSTもexecuteメソッドに集約したっす(❶❷)[注3]。そのあと、リクエストされたパスをもとに処理を分岐するようにしているところがポイントなんだよなー(❸❹)。個々の処理は**リスト12.7**の基底クラスActionを継承して実装しちゃうよ(**リスト12.8〜12.10**)。これで、すべてのアクションクラスを同一のものとして処理できるようになったよ。変更後のクラス図は**図12.3**っす。

❹の部分でif文がたくさん出てきているんですけど、ここはこのままでいいんですか？

注3　普通のWebフレームワークであれば、HTTPメソッドによって実行する処理を分けられるようにすべきです。サンプルということでここではGETとPOSTをまとめています。

リスト12.5　web.xml(DispatcherServletの定義)

```
...
  <servlet>
    <servlet-name>DispatcherServlet</servlet-name>
    <servlet-class>app.servlet.DispatcherServlet</servlet-class>
  </servlet>
  <servlet-mapping>
    <servlet-name>DispatcherServlet</servlet-name>
    <url-pattern>*.action</url-pattern>
  </servlet-mapping>
...
```

パスに対してどの処理を呼び出すかという情報は、ルーティング情報と呼ぶんじゃ。次のステップでこのルーティング情報を外部ファイル化して、if文を一掃してみるかのう。普通のプログラマーよ、挑戦してみてはどうじゃ。

はい、やってみます！

リスト12.6　すべてのリクエストを受け取るサーブレット（DispatcherServlet）

```
import action.LoginAction;
import action.LoginProcessAction;
import action.ListAction;

public class DispatcherServlet extends HttpServlet {
    @Override
    protected void doGet(
            HttpServletRequest req, HttpServletResponse res)
            throws ServletException, IOException {
        execute(req, res); ―❶
    }

    @Override
    protected void doPost(
            HttpServletRequest req, HttpServletResponse res)
            throws ServletException, IOException {
        execute(req, res);  ―❷
    }

    private void execute(
            HttpServletRequest req, HttpServletResponse res)
            throws ServletException, IOException {
        String path = req.getRequestURI().substring( ┐
            req.getContextPath().length());          │❸
        Action action = findAction(path);            ┘
```

```
        if (action == null) {
            res.sendError(HttpServletResponse.SC_NOT_FOUND);
        } else {
            try {
                action.execute(req, res);
            } catch (Exception e) {
                handleException(e);
            }
        }
    }

    private Action findAction(String path) {
        if ("/login.action".equals(path)) {
            return new LoginAction();
        } else if ("/loginProcess.action".equals(path)) {
            return new LoginProcessAction();                  ❹
        } else if ("/list.action".equals(path)) {
            return new ListAction();
        }
        return null;
    }

    private void handleException(Exception e)
            throws ServletException, IOException {
        if (e instanceof ServletException) {
            throw (ServletException) e;
        } else if (e instanceof IOException) {
            throw (IOException) e;
        } else {
            throw new ServletException(e.getMessage(), e);
        }
    }
}
```

リスト12.7　個々の処理の基底クラス（Action）

```
abstract public class Action {
    abstract public void execute(
            HttpServletRequest req, HttpServletResponse res)
            throws Exception;
}
```

リスト12.8 ログイン画面表示処理（LoginAction）

```
public class LoginAction extends Action {
    @Override
    public void execute(
            HttpServletRequest req, HttpServletResponse res)
            throws Exception {
        req.getRequestDispatcher("/login.jsp").forward(req, res);
    }
}
```

リスト12.9 ログイン処理（LoginProcessAction）

```
public class LoginProcessAction extends Action {
    @Override
    public void execute(
            HttpServletRequest req, HttpServletResponse res)
            throws Exception {
        ... (中身はステップ1のLoginProcessServletと同じ)
        res.sendRedirect(req.getContextPath() +  "/list.action");
    }
}
```

リスト12.10 一覧画面表示処理（ListAction）

```
public class ListAction extends Action {
    @Override
    public void execute(
            HttpServletRequest req, HttpServletResponse res)
            throws Exception {
        ... (中身はステップ1のListServletと同じ)
        req.getRequestDispatcher("/list.jsp").forward(req, res);
    }
}
```

図12.3 ステップ2のクラス図

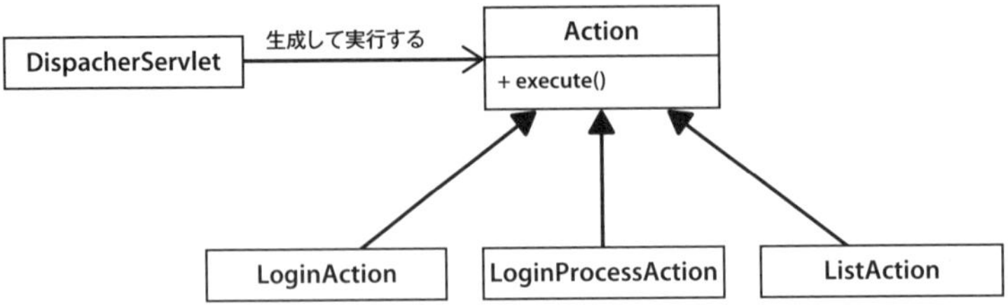

12.6 ステップ3 ルーティング情報の外部ファイル化

けっこう時間がかかっちゃいましたけど、できました！ まず、ルーティング情報の設定ファイルは**リスト12.11**のようにroute.propertiesという名前にしてみました。「パス＝クラス名」という形式で登録します。

シンプルでいいんじゃないの。

それからDispatcherServletを**リスト12.12**のように書き換えました。サーブレットのinitメソッドの❶で設定ファイルからルーティング情報を読み込んでいます。次にfindActionの❷でパスからクラス名を取得しています。あとは❸で、以前技術ブログで読んで気になっていたJavaのリフレクションAPIのClass.forName()とClass.getDeclaredConstructor().newInstance()メソッドを使って、クラス名からアクションクラスのインスタンスを生成できるようにしました。変更後のクラス図は**図12.4**です。

いつの間にそんなテクを……。なかなかやるなー。

設定ファイルは好き嫌いがあるところじゃが、web.xmlよりはずいぶんシンプルになってバッチグーじゃぞ。中級プログラマーよ、ここでのポイントが何か、わかるかのう？

リスト12.11 ルーティング情報（route.properties）

```
/login.action=app.action.LoginAction
/loginProcess.action=app.action.LoginProcessAction
/list.action=app.action.ListAction
```

リスト12.12 ルーティング情報の外部ファイル化（DispatcherServlet）

```
public class DispatcherServlet extends HttpServlet {
    ...
    private Properties route ;

    @Override
    public void init() throws ServletException {
        route = new Properties();
        try {
            ClassLoader cl = getClass().getClassLoader();
            route.load(cl.getResourceAsStream("route.properties")); ―❶
        } catch (IOException e) {
            throw new ServletException(
                "route.propetiesが読み込めません", e);
        }
    }
    ...
    private Action findAction(String path) throws ServletException {
        if (!route.contains(path)) {
            return null;
        }
        String className = route.getProperty(path); ―❷
        try {
            Class<?> clazz = Class.forName(className);         ┐
            return (Action) clazz                              │❸
                .getDeclaredConstructor().newInstance();       ┘
        } catch (Exception e) {
            throw new ServletException(
                "アクションの生成に失敗しました", e);
        }
    }
    ...
}
```

図12.4 ステップ3のクラス図

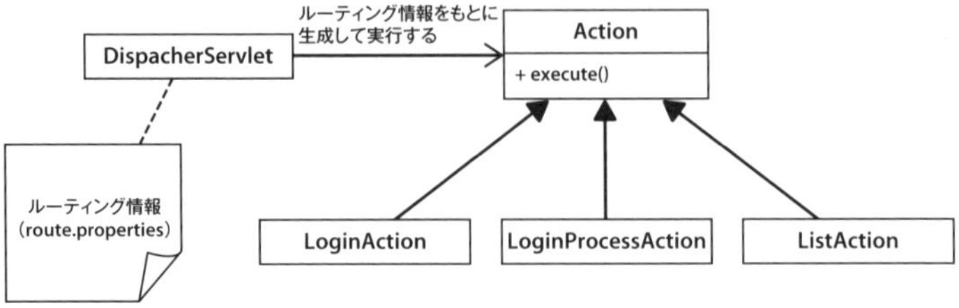

アプリケーションに依存した部分がフレームワークから一掃されたところっすかねー。DispacherServletはアプリケーションコードに一切依存していないので、ほかのWebアプリケーションでも利用

JavaのリフレクションAPI

Column

リフレクションAPIとは、JavaのClassオブジェクトを通して、インスタンス変数やメソッド、アノテーションなどのメタデータを取得できるAPIのことです。Javaでメタプログラミングをする際によく使用するリフレクションAPIとして、**表12.a**のものがあります。

次の例ではリフレクションAPIを利用して、プロパティ名からゲッタメソッドを実行して戻り値を取得しています[注a]。

```
Employee emp = new Employee(1, "田中一郎");
String[] propNames = {"id", "name"};
for (String propName : propNames) {
    // プロパティ名をメソッド名に変換 (name -> getName)
    String methodName = "get" +
        propName.substring(0, 1).toUpperCase() +
        propName.substring(d1);

    // メソッド名からメソッドオブジェクトを取得
    Method m = emp.getClass().getMethod(methodName);

    // メソッドを実行
    Object result = m.invoke(emp);

    // 戻り値の値を出力
    System.out.println(propName + "=" + result);
}
```

注a　プロパティの取得には、リフレクションAPIではなくjava.beansパッケージを使用した方法もあります。

表12.a　**JavaのリフレクションAPI**

メソッド名	説明
java.lang.Class#forName	クラス名からClassオブジェクトを取得する
java.lang.Class#getDeclaredConstructor	コンストラクタオブジェクトを取得する
java.lang.Class#getConstructor	publicなコンストラクタオブジェクトを取得する
java.lang.Class#getMethod	メソッドオブジェクトを取得する
java.lang.Class#getField	インスタンス変数オブジェクトを取得する
java.lang.Class#getAnnotation	アノテーションオブジェクトを取得する
java.lang.Constructor#newInstance	オブジェクトを生成する

できるコードになっているっす。

そのとおりじゃ。import文からアプリケーションのアクションクラス名がなくなって、アプリケーションのパスや実行するアクションクラスの具体的な名前も設定ファイルに移動しているからのう。このようにフレームワーク側のコードとアプリケーション側のコードを分けるようにリファクタリングしていくのがポイントじゃ。次のステップでは、アクションクラス内のアプリケーションコードをもう少し改善してみるかのう。

12.7 ステップ4　よく使う処理を簡単に実行できるように共通化する

ステップ1とステップ3を比べても、アプリケーションコードの部分はあまり簡単になっていませんね……。

そのとおりじゃ。もう少しアプリケーションコードをよく見て、共通化したり簡単にできたりする箇所はないかのう。

画面を表示するためのフォーワード処理と別のURLに遷移するためのリダイレクト処理が、よく使う割には少し冗長な感じがします。

たしかにそのとおりじゃ。フォーワードとリダイレクトをもう少し簡単にできないかのう。

アクションクラスにフォワードとリダイレクトができるメソッドを追加してはどうですか？ 次のような使い方ができればいいと思いました。

```
forward("パス");
redirect("パス");
```

よし、それで実装しちゃうぞ。まずは、アクションクラスにforward、redirectというメソッドを追加しちゃうよ(**リスト12.13❸❹**)。さらに、forwardではHttpServletRequestが、redirectではHttpServletResponseが必要なので、セッタを用意してアクション自身がそれらを保持できるようにしちゃったよ(❶)。ついでにexecuteメソッドの引数も空になって、すっきりしたよ(❷)。変更後のクラス図は**図12.5**っすよ。

リスト12.14～12.16のアプリケーションコードがすごく簡潔になった気がしますね。

リスト12.13　フォーワード、リダイレクトの簡略化(Action)

```
abstract public class Action {
    protected HttpServletRequest request;      ─┐
                                                 ❶
    protected HttpServletResponse response;    ─┘

    public void setRequest(HttpServletRequest request) {
        this.request = request;
    }

    public void setResponse(HttpServletResponse response) {
        this.response = response;
    }

    abstract void execute() throws Exception; ──❷

    protected void forward(String path)                   ─┐
            throws ServletException, IOException {          │
        request.getRequestDispatcher(path)                  ❸
            .forward(request, response);                    │
    }                                                      ─┘

    protected void redirect(String path) throws IOException { ─┐
        response.sendRedirect(path);                            ❹
    }                                                          ─┘
}
```

図12.5　ステップ4のクラス図

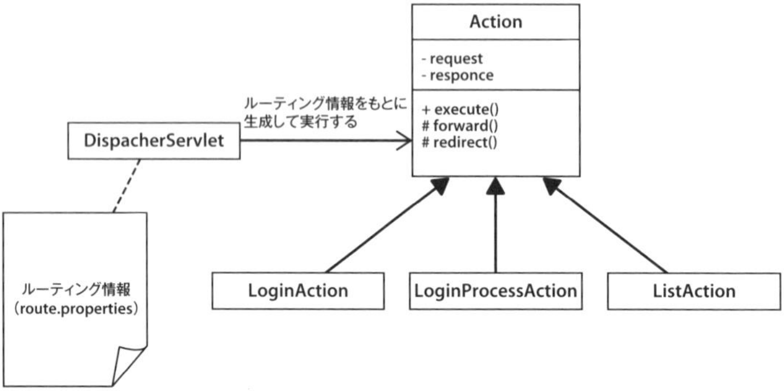

リスト12.14　フォーワード、リダイレクトの簡略化（LoginAction）

```
public class LoginAction extends Action {
    @Override
    public void execute() throws Exception {
        forward("/login.jsp");
    }
}
```

リスト12.15　フォーワード、リダイレクトの簡略化（LoginProcessAction）

```
public class LoginProecessAction extends Action {
    @Override
    public void execute() throws Exception {
        ...（中身はステップ2のLoginProcessActionと同じ）
        redirect(request.getContextPath() + "/list.action");
    }
}
```

リスト12.16　フォーワード、リダイレクトの簡略化（ListAction）

```
public class ListAction extends Action {
    @Override
    public void execute() throws Exception {
        ...（中身はステップ2のListActionと同じ）
        forward("/list.jsp");
    }
}
```

アクションがリクエストとレスポンスを持っているから、今後必要なら便利なメソッドをいくらでも追加できちゃうっす。

ふぉっふぉっふぉっ。このようにフレームワークは必要に応じて少しずつ成長させていくとよいぞ。

まだまだフレームワークとしては貧弱なのかもしれませんが、書いてみると意外に簡単なんですね。「フレームワークの気持ち」が少しわかった気がします。これから時間があるときにでも、このフレームワークを成長させていってみたいですね。ほかのフレームワークのコードも怖がらずに読んで参考にしたいと思います。

考察　これからさらにフレームワークを拡張するには?

今回作成したフレームワークは機能が少なく、実際の仕事で使えるレベルではありません。もし今後このフレームワークを拡張するとしたら、次のようなことが考えられるでしょう。興味があればぜひチャレンジしてみてください。

❖クエリパラメータの自動バインディング

Spring BootやRuby on Railsなどには、ブラウザからのリクエストに含まれるクエリパラメータ(クエリ文字列)をオブジェクトに自動バインディング(自動的に値を設定)する機能があります。今回作成したフレームワークにも、アクションクラスにクエリパラメータ名と同一のインスタンス変数があれば、自動的に値を設定するという機能を追加できます。

```
public class LoginProcessAction extends Action {
    public String loginId;  // クエリパラメータから自動セット

    public String password; // クエリパラメータから自動セット

    @Override
    public void execute() {
```

```
        ...
    }
}
```

こうすることで各アクションに必要なクエリパラメータの仕様がインスタンス変数として明確化できますし、フレームワークに型の自動変換なども行わせることもできます。

自動バインディングのデメリットとしては、名前が不定のクエリパラメータには対応できなかったり、値の型変換エラーやインスタンス変数の間違いなどの際にデバッグがやりにくいという点が挙げられます。そのため、自動バインディングは不要だという考え方もあります。

自動バンディングの具体的な実装は、リフレクションAPIを使ってアクションのインスタンス変数やセッタに値を動的にセットすることで行います。クエリパラメータの値は文字列ですので、対象のインスタンス変数の型が数値型などの場合に型変換を行う必要が出てきます。

❖クエリパラメータの入力検証

クエリパラメータの入力検証も似たようなコードの繰り返しになりがちです。多くのWebアプリケーションフレームワークでは、クエリパラメータの入力検証のしくみが用意されています。今回作成したフレームワークでも、たとえば次のようにインスタンス変数にアノテーションを使って検証ルールを設定し、その設定に応じて入力検証が実行されるというしくみが考えられます。

```
public class LoginProcessAction extends Action {
    @Required
    public String loginId;

    @Required
    public String password;

    @Validation(error="login.jsp")
    public void execute() {
        ...
    }
}
```

この場合フレームワーク側では、アクションの実行前に`@Required`、`@Validation`のアノテーションのメタデータを見て、適切な入力検証を実行するような処理を書きます。

入力検証のメタデータをコードとして書くのか外部ファイルに書くのか、コードで書くならモデルに書くのかアクションクラスに書くのかなど、検討するポイントは多いです。各Webアプリケーションフレームワークでも違いがあり、それぞれどのような仕様になっているのかを見るのもおもしろいでしょう。

❖その他

そのほかの拡張項目としては、JSPの記述を簡単にするためのカスタムタグの整備や、DIコンテナとの連携などが考えられるでしょう。

12.8 ステップ5 フレームワークをパッケージ化する

フレームワークが固まってきたらパッケージ化することで、別のプロジェクトでもそのフレームワークが再利用できます。以下がその手順です。

❶フレームワークのコードとアプリケーションコードを分ける

まずは、フレームワークのコードとアプリケーションコードを明確に分けることが重要です。分け方としてはまずパッケージを変更します。パッケージ分けのポイントは、依存関係を一方向にすることです。フレームワーク側にはアプリケーション固有のコードを持たせてはいけません。本章で作成したWebアプリケーションフレームワークをパッケージ分けするとしたら、**図12.6**のようになります。

❷パッケージ化する

次に、フレームワークをパッケージ化します。具体的にはフレームワーク部分とアプリケーション部分のソースファイルを物理的に2つのディレクトリに分け、2つのプロジェクトに分割します。そのうえでフレームワーク部分だけをビルドできるようにしてJARファイルにパッケージ化します。JARファイルのパッケージ化は、GradleやMavenなどのビルドツールを使って自動化してください。

各アプリケーションではフレームワークのJARファイルを配置するだけで共通的に利用できます。パッケージ化した場合の各アプリケーションからの依存関係は**図12.7**になります。

❸バージョンを付けて管理する

パッケージ化したフレームワークはバージョンを付けて管理して、それぞれのアプリケーションがどの時点でのフレームワークを使用しているか

図12.6 **フレームワークとアプリケーションのパッケージを分けた場合の依存関係**

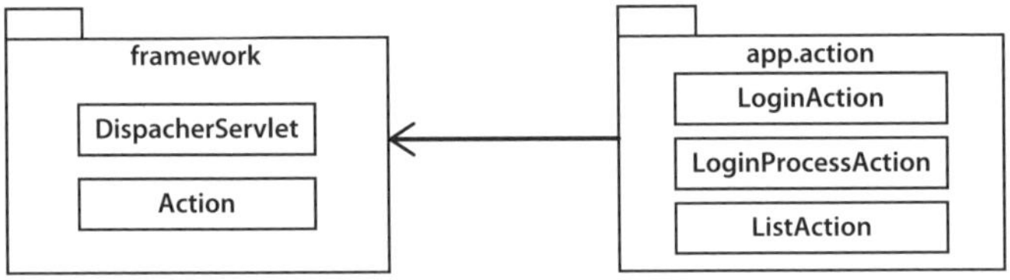

図12.7 **フレームワークをパッケージ化した場合の依存関係**

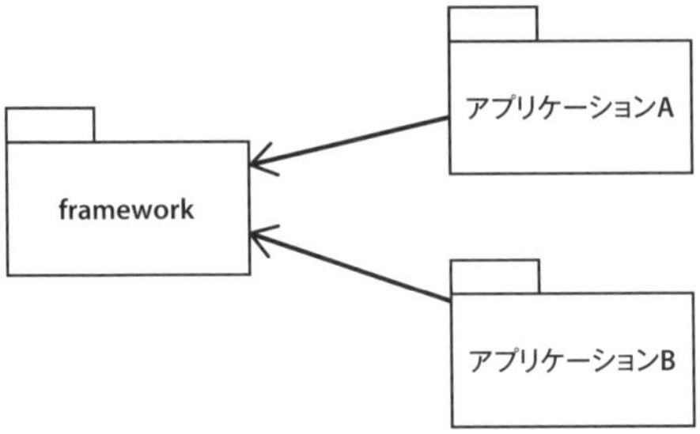

を明確にしてください。どの時点のフレームワークを使っているのかアプリケーション側でわからなくなると、問題が発生したときのデバッグが困難になります。フレームワーク提供者側から見ると、バージョンを付けることで機能追加したバージョンのフレームワークを安心して提供できますし、バグ報告を受け付ける際も「どのバージョンで発生したか」を確認すれば問題解決が簡単になります。フレームワークをバージョン管理した場合の依存関係は**図12.8**です。

12.9 まとめ

自分でフレームワークを作ると、抽象化のポイントやフレームワークの気持ちがわかってきます。最初はうまくできないことも多いと思いますが、スクラッチ&ビルド(作っては壊してやりなおすこと)で何度も作ることで勘どころがわかってくるはずです。フレームワーク作成の経験を重ねて、良いコードへの道を進んでください。

図12.8　フレームワークをバージョン管理した場合の依存関係

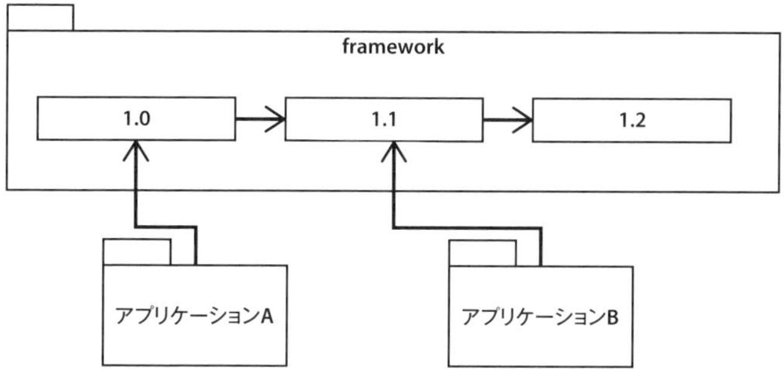

付　録

付録A
コードリーディングの方法

A.1
コードには動的な読み方と静的な読み方がある

付録Aではコードリーディングの具体的な方法を説明します。コードリーディングの方法としては、コードを静的に読む方法と、コードを実行しながら動的に読む方法があります。ここで両方の方法を紹介します。

A.2
お題　Apache Commons IOのコードを読む

コードリーディングが大切だとはわかっていても、コードを読む方法を知らないと始まりません。「どうやってコードを読んだらいいんですか？」という質問もときどき受けます。ここではApache Commons IO[注1]というJavaのioパッケージを拡張するライブラリを題材に、コードの入手からコードを読むまでの流れを紹介します。

A.3
ステップ1　対象のコードをダウンロード(チェックアウト)する

まずはコードを入手しないと始まりません。コードの入手には、ZIPフ

注1　https://commons.apache.org/proper/commons-io/

ァイルなどに固められた配布物をダウンロードする方法と、Gitなどのリポジトリからコードをクローンする方法があります。どちらでも問題はありませんが、次の理由によりリポジトリからのクローンをお勧めします。

- **ビルドファイルなど、コード以外の成果物が入手できる**
  readmeファイル、各種スクリプトやビルドファイル、開発者向けのドキュメントなど、開発に必要なものがすべて手に入る。これらは配布物には含まれていない場合がときどきある
- **コードの変更履歴やコミットログを確認できる**
  コードを読みながら気になった箇所の変更履歴を、過去にさかのぼってすべて確認できる。コミットログには変更の理由や意図が書かれているので、コードを理解するうえで参考になる

ほとんどのオープンソースソフトウェアがGitなどのリポジトリを公開しています。Commons IOであれば、トップページのメニューから「Source repository」を選ぶと、「Anonymous access」(匿名アクセス)の箇所にGitリポジトリのURLが書いてあります。

URLがわかれば、次のコマンドでクローンできます[注2]。

```
$ git clone https://gitbox.apache.org/repos/asf/commons-io.git
$ cd commons-io
```

上記のコマンドを実行したあとmasterブランチのコードが表示されます。masterは不安定な場合があるので、tagを指定して「リリース版」のコードをチェックアウトして確認したほうがよい場合も多いでしょう。

次のコマンドで、どのようなタグがあるかを確認できます。

```
$ git tag
0l
2.2
2.2-RC1
2.2-RC2
...
rel/commons-io-2.7
rel/commons-io-2.8.0
```

注2　Gitのコマンドライン版をインストールしておく必要があります。コマンドを使わずにIntelliJ IDEAなどの統合開発環境でクローンすることもできます。

各バージョンのタグがこれでわかりました。リリース版である2.8.0をチェックアウトしてみましょう。

```
$ git checkout rel/commons-io-2.8.0
```

A.4 ステップ2 静的な方法でコードを読む

コードを入手したら、さっそく読んでみましょう。**リストA.1**は、チェックアウトしたソースのsrc/main/java/org/apache/commons/io/FileSystemUtils.javaの抜粋です。このコードを一緒に軽く読んでみます。

このクラスには、OSごとのファイルシステムの違いを吸収して、ディスクの空き容量を取得するメソッドがあります。

まず、クラスのstaticイニシャライザでOSの判定を行っています(❶)。この部分から、OSの判定処理はこのクラスのロード時に1回だけ実行され

リストA.1 **FileSystemUtils.java**

```
public class FileSystemUtils {
    /** Singleton instance, used mainly for testing. */
    private static final FileSystemUtils INSTANCE =
        new FileSystemUtils();

    /** Operating system state flag for error. */
    private static final int INIT_PROBLEM = -1;
    /** Operating system state flag for neither Unix nor Windows. */
    private static final int OTHER = 0;
    /** Operating system state flag for Windows. */
    private static final int WINDOWS = 1;
    /** Operating system state flag for Unix. */
    private static final int UNIX = 2;
    /** Operating system state flag for Posix flavour Unix. */
    private static final int POSIX_UNIX = 3;

    /** The operating system flag. */
    private static final int OS;
```

```
/** The path to df */
private static final String DF;

static {
    int os = OTHER;
    String dfPath = "df";
    try {
        String osName = System.getProperty("os.name");    ──❷
        if (osName == null) {
            throw new IOException("os.name not found");
        }
        osName = osName.toLowerCase(Locale.ENGLISH);    ──❸
        // match
        if (osName.contains("windows")) {
            os = WINDOWS;
        } else if (osName.contains("linux") ||
                osName.contains("mpe/ix") ||
                osName.contains("freebsd") ||
                osName.contains("openbsd") ||
                osName.contains("irix") ||
                osName.contains("digital unix") ||
                osName.contains("unix") ||
                osName.contains("mac os x")) {    ❶
            os = UNIX;
        } else if (osName.contains("sun os") ||
                osName.contains("sunos") ||    ❹
                osName.contains("solaris")) {
            os = POSIX_UNIX;
            dfPath = "/usr/xpg4/bin/df";
        } else if (osName.contains("hp-ux") ||
                osName.contains("aix")) {
            os = POSIX_UNIX;
        } else {
            os = OTHER;
        }

    } catch (final Exception ex) {
        os = INIT_PROBLEM;
    }
    OS = os;
    DF = dfPath;
}
```

```
    ...
    public static long freeSpaceKb(final String path) throws IOException {
        return freeSpaceKb(path, -1);
    }
    ...
    long freeSpaceOS(final String path, final int os,
        final boolean kb, final long timeout) throws IOException {
        if (path == null) {
            throw new IllegalArgumentException("Path must not be null");
        }
        switch (os) {
            case WINDOWS:
                return kb ?
                    freeSpaceWindows(path, timeout) / FileUtils.ONE_KB :
                    freeSpaceWindows(path, timeout);
            case UNIX:                                                    ❺
                return freeSpaceUnix(path, kb, false, timeout);
            case POSIX_UNIX:
                return freeSpaceUnix(path, kb, true, timeout);
            case OTHER:
                throw new IllegalStateException(
                    "Unsupported operating system");
            default:
                throw new IllegalStateException(
                  "Exception caught when determining operating system");
        }
    }
    ...
}
```

ることが読み取れます。

次に、システムプロパティから取得したOS名を使って(❷)、Windows、UNIX、POSIX UNIX、OTHER(そのほか)、INIT_PROBLEM(初期化エラー)、DF(dfコマンド[注3]のパス)をそれぞれ判定しています(❹)。String#containsを利用しているので、OS名のどこかにwindowsという文字列が含まれていればWINDOWSがセットされます。ちなみに筆者のMacBook ProでSystem.getProperty("os.name")を実行すると、Mac OS Xが返ってきました。

注3　ディスクの空き容量を調べるUNIXコマンドです。

String#toLowerCase(❸)で大文字・小文字の区別なく判定が行われているので、無事macOSはUNIXとして判定されることがわかります。

続いてfreeSpaceOSメソッドで、ファイルシステムの空き容量を取得します(❺)。先ほどのOS種別を使いswitch文で分岐することで、可読性の高いコードになっています。例外処理も参考になります。pathがnullの場合IllegalArgumentExceptionがスローされるので、防御的なプログラミングがきちんと行われています。初期化時にファイルシステムがそのほか(OTHER)や初期化エラー(INIT_PROBLEM)の場合は、適切なメッセージを持ったIllegalStateExceptionがスローされていることもわかります。

ほんの90行程度のコードリーディングでしたが、これだけでも「判定処理で考慮すべき点(判定のタイミング、判定漏れがないように大文字・小文字を意識するなど)」「switch文による可読性の高いコード」「例外処理の基本的な適用例」などを知ることができました。自分がまだ知らなかったり、あいまいになっているプログラム上の概念やテクニックを、少ないコストで学ぶことができるのがコードリーディングの良いところです。

ここでは特定の1つのソースファイルのコードのみを読んでみましたが、実際には複数のファイルを行き来しながら読むことになります。以降では効率的にコードを読む方法を3つ紹介します。

検索コマンドを使う

読みたい場所がわかっていればエディタで開くだけですが、読みたい場所がわかっていない場合はfindやgrep、エディタの検索機能を使って関係のある箇所を探して閲覧します。たとえば、先ほどのCommons IOのコードから「freeSpace」を含むJavaファイルを探すときは、次のコマンドを実行します[注4]。

```
$ find . -name '*.java' | xargs grep -l "freeSpace"
./Src/java/org/apache/commons/io/FileSystemUtils.java
./src/test/org/apache/commons/io/FileSystemUtilsTestCase.java
```

注4　findコマンドとgrepコマンドが利用できる必要があります。

統合開発環境を使う

もう少し効率良くコードを読むなら、IntelliJ IDEAやEclipse、Visual Studio Codeなどの統合開発環境にプロジェクトをインポートしてしまう方法があります。メソッドの呼び出し先、呼び出し元などを自由自在に行き来できたり、継承関係やインタフェースの実装先などを検索できたりと、統合開発環境は効率的な「コードブラウジング」に最適です。

Mavenのプロジェクト定義ファイル(`pom.xml`)などのプロジェクトの構成を表すファイルが存在すれば、比較的簡単に統合開発環境に取り込んで、効率良くコードリーディングができます。

IntelliJ IDEAの場合は特別な設定は不要です。Fileメニューから「Open...」を選び、`pom.xml`を選択して「Open as Project」を押下すると、プロジェクトとして開くことができます。

Eclipseであれば、`pom.xml`ファイルがあるディレクトリで次のコマンドを実行することで、プロジェクトを開くことができるようになります。

```
$ mvn eclipse:eclipse
```

また、Visual Studio Codeであれば、「Java Extension Pack」をインストールしておき、上記のコマンドを実行することでEclipseの設定ファイルを認識し、依存するライブラリも含めてコード間を行き来できるようになります。

A.5 ステップ3　動的な方法でコードを読む

前節のように静的にコードを読むだけでなく、コードを実行しながら動的に読む方法もあります。ここでは、動的にコードを読む方法をいくつか紹介します。

デバッガで実行する

統合開発環境などのデバッガでブレークポイントを設定し、ステップ実行しながら動的にコードを読むことができます。挙動や変数の値などを確認しながら読み進めることができるので、コードに対する理解がさらに深まります。

それでは、リストA.1をデバッガで実行して動的に読んでみましょう。自分のマシン環境でOSの判定がどのように動作するのかを、次の簡単なコードで確認してみます。

```
public class Main {
    public static void main(String[] args) {
        System.out.println(
            "free=" + FileSystemUtils.freeSpaceKb("/"));
    }
}
```

このコードを実行すると、❶のstaticイニシャライザが実行されます。❷の箇所に統合開発環境などでブレークポイントを設定してデバッグ実行することで、実際のコードを実行順序や変数の値を確認しながら、コードリーディングできます。

ユニットテストを実行する

ユニットテストは宝の山です。テストは実行可能なので、別途実行のためのプログラムを書かなくてもすぐに実行できます。テストコードには外からのライブラリの振る舞い(仕様)が記述されているので、ライブラリの動きを把握するうえでも効果的です。

多くのオープンソースソフトウェアにはテストコードが付属しています。今回コードリーディングしたCommons IOにもテストコードがきちんと整備されています。`FileSystemUtils`クラスのテストコードは2.8ブランチをチェックアウトしたソースの`src/test/java/org/apache/commons/io/FileSystemUtilsTestCase.java`にあります。以下はその抜粋です。

```
public class FileSystemUtilsTestCase {
    ...
    @Test
    public void testGetFreeSpaceOS_String_NullPath() throws Exception {
```

```
        final FileSystemUtils fsu = new FileSystemUtils();
        try {
            fsu.freeSpaceOS(null, 1, false, -1);
            fail();
        } catch (final IllegalArgumentException ignore) {
        }
        try {
            fsu.freeSpaceOS(null, 1, true, -1);
            fail();
        } catch (final IllegalArgumentException ignore) {
        }
    }
    ...
}
```

上記のテストコードから、「nullのファイルパスをfreeSpaceOSメソッドに渡すとIllegalArgumentExceptionが発生する」という仕様を読み取れます。また、例外の変数名もignore(無視する)になっていて、「キャッチしても特に何もしない」という意図が明確になっています。

コードを修正して実行する

コードの特定の箇所にログを入れたり、一部を改変して実行することで、コードの実行の順番や変数の値などの挙動を確認できます。場合によってはブレークポイントを設定して、デバッグモードで確認してもよいでしょう。これらはユニットテストからの実行でも問題ありません。

部分的なコードをコピーして使ってみる

部分的なコードをコピーして小さな実験をすることで、ミニマムの動きを確認できます。

A.6 まとめ

　コードリーディングは、方法さえわかれば難しいことではありません。ぜひ、オープンソースのコード、会社の同僚や先輩などのコードを読んで、先人たちの知恵を学んでください。

付録B
解説付き参考文献

❖Dustin Boswell、Trevor Foucher 著／角征典 訳『リーダブルコード —— より良いコードを書くためのシンプルで実践的なテクニック』オライリージャパン、2012年

関連 **第3章「名前付け」、第4章「スコープ」**

「理解しやすいコード」=「良いコード」について、多くの実例を交えながら「ひどいコード」と「良いコード」を比較し、簡潔に説明してくれる実践的な良書です。読んで次の日から実践できるコードや考え方を体系的に学ぶことができます。

❖Martin Fowler 著／児玉公信 他訳『リファクタリング 第2版 —— 既存のコードを安全に改善する』オーム社、2019年

関連 **第3章「名前付け」、第4章「スコープ」、第5章「コードの分割」、第6章「コードの集約」**

コードや設計を少しずつ改善していく手法が中心ですが、変数名やメソッド名の変更など、名前付けに関連する内容も多いです。本当に良い本ですので、まだ読まれていない人にはぜひお勧めします。第2版ではJavaScriptでの説明になっていますが、Javaでの説明のほうがよい人は、『新装版 リファクタリング —— 既存のコードを安全に改善する』(Martin Fowler 著／児玉公信 他訳、オーム社、2014年)があります。

❖Pete Goodliffe 著／鵜飼文敏 他監訳／㈱トップスタジオ 訳『Code Craft —— エクセレントなコードを書くための実践的技法』マイナビ出版、2016年

関連 **第3章「名前付け」**

現実的なプロジェクトに即した、良いコードの書き方、チーム開発につい

て書かれたコード職人のための書籍です。3章に「名前の意義」があります。

❖Steve McConnell 著／㈱クイープ 訳『Code Complete 第2版 上 —— 完全なプログラミングを目指して』日経BPソフトプレス、2005年

関連 第3章「名前付け」

11章に「変数名の力」という章があり、40ページ近くを割いて良い名前に関する内容が書かれています。そのほかにも、実践にすぐ使える基礎・基本が満載の良書です。

❖Martin Fowler 著／長瀬嘉秀 監訳／㈱テクノロジックアート 訳『エンタープライズアプリケーションアーキテクチャパターン』翔泳社、2005年

関連 第6章「コードの集約」、第12章「フレームワークを作ろう」

アプリケーション開発のための実践的なアーキテクチャのデザインパターンが数多くカタログ化されています。リポジトリ、アクティブレコード、ゲートウェイ、サービスレイヤなど、名前はよく聞くけどきちんと理解できていないようなデザインパターンを学ぶのに最適です。

❖Kent Beck 著／和田卓人 訳／『テスト駆動開発』オーム社、2017年

関連 第9章「ユニットテスト」

テスティングフレームワークJUnitの作者であり、アジャイルプロセスXP(*Extreme Programming*)の推進者でもあるKent Beckによるテスト駆動開発についての書籍です。テストを中心にした設計の思考過程を学ぶことができます。

❖Andrew Hunt、David Thomas 著／村上雅章 訳『達人プログラマー 第2版 —— 熟達に向けたあなたの旅』オーム社、2020年

関連 第10章「抽象化」

第10章で登場したDRY原則はこの本で紹介されています。達人プログラマーになるための心構えや技法が実践的かつわかりやすい文章で書かれています。まだ読まれていない人は、読むことを強くお勧めします。

❖Kent Beck 著／長瀬嘉秀、永田渉 監訳／㈱テクノロジックアート 訳『実装パターン』ピアソン・エデュケーション、2008年

関連 **第10章「抽象化」**

「この本はプログラミングに関する本だ。もう少し正確に言うと、ほかの人が読んで理解できるコードの作成方法について書かれた本だ。」(p.v)という書き出しから始まる良いコードのための本です。Java中級者〜上級者向けですが、「良いコードの書き方」がはっきり説明されていてお勧めです。

❖結城浩 著『増補改訂版 Java言語で学ぶデザインパターン入門』ソフトバンククリエイティブ、2004年

関連 **第11章「メタプログラミング」**

良い仕事をしたい普通のプログラマーのためのデザインパターン入門本です。筆者はこの本のコードを2回写経して、さらに応用したアプリケーションをいくつか書いてみることで、抽象的に処理を扱う方法やフレームワークの作り方を学びました。たいへんわかりやすい本ですので、まだ手に取られていない人はぜひ読んで、ぜひコードを書いてみてください。

❖Martin Fowler 著／角征典 訳「構文ノイズ」(Martin Fowler's Bliki) 2008年、https://bliki-ja.github.io/SyntacticNoise/

関連 **第11章「メタプログラミング」**

DSLにおける構文上のノイズに関する考察が書かれています。RubyやJava、XMLなどでのDSLの構文例を挙げて、その違いを比較しています。構文の違いで可読性や使い勝手がかなり異なることがよくわかります。

あとがき

本書では良いコードを書く技術をいろいろと解説してきました。しかしそれらの技術も、「良いソフトウェアを作りたい」という気持ちがなければ意味がありません。この本を手にとったときの気持ちを忘れずに、良い仕事をしていきましょう。

それでは最後に、3人からのメッセージをお届けして終わりの言葉に代えさせていただきます。

●良い仕事をしたい普通のプログラマー

良いコードが書けるようになるとプログラミングがどんどん楽しくなってきました！ これからも高いクオリティの仕事ができるように頑張っていきます！ なんだか、もっともっとコードが書きたくなってきたっす。……あ、うつっちゃった。

●達人プログラマーを目指す中級プログラマー

今まで自分では良いコードを書けていると思ってたんですけど、まだまだ足りないところや思い違いをしていたことに気が付いたっす。俺、目が覚めました！ 俺、やるっす。いつか達人プログラマーと呼ばれる日まで!!

●達人プログラマー

普通のプログラマーも中級プログラマーも、最後までよくがんばったのう。あとはこの知識を実践に活かすのみじゃ。今後の2人の成長を楽しみにしておるぞ。わしも負けずにまだまだやるぞい。ふぉっふぉっふぉっ。

索引

M

N

P

Q

R

S

T

U

V

W

X

Y

Z

あ

著者プロフィール

縣 俊貴(あがた としたか)

学生時代にMSXで制限された環境でのプログラミングの楽しさを学ぶ。以来、オープンソースのWiki実装「MobWiki」の開発や受託開発、プロジェクト管理ツール「Backlog」、ドローツール「Cacoo」などコラボレーション型Webサービスの企画と製品開発を経て、現職の株式会社ロカオプではWebマーケティング関連の製品開発やコンサルティングを行う。また、アプリ統合ブラウザ「Biscuit」(https://eatbiscuit.com/ja)を趣味で開発。

Twitter @agata

装丁・本文デザイン……… 西岡 裕二
カバー・本文イラスト……… 高田 美奈子
レイアウト……………… 酒徳 葉子(技術評論社)
本文図版……………… スタジオ・キャロット
加藤 久(技術評論社)
編集アシスタント……… 北川 香織(WEB+DB PRESS編集部)
編集……………… 稲尾 尚徳(WEB+DB PRESS編集部)

WEB+DB《ウェブディービー》 PRESS《プレス》 plus《プラス》シリーズ

[増《ぞう》補《ほ》改《かい》訂《てい》]良《よ》いコードを書《か》く技《ぎ》術《じゅつ》

読《よ》みやすく保《ほ》守《しゅ》しやすいプログラミング作《さ》法《ほう》

2011年5月10日　初版　第1刷発行
2021年5月11日　第2版　第1刷発行
2022年7月28日　第2版　第2刷発行

著者……………… 縣《あがた》 俊貴《としたか》

発行者……………… 片岡 巖

発行所……………… 株式会社技術評論社
東京都新宿区市谷左内町21-13
電話　03-3513-6150　販売促進部
03-3513-6175　雑誌編集部

印刷／製本……………… 日経印刷株式会社

ISBN 978-4-297-12048-1 C3055
Printed in Japan